U0252877

数字内容风控与智能机制设计

戎文晋◎著

清华大学出版社

北 京

内 容 简 介

随着数字经济的发展，数字内容成为人们生活中不可或缺的存在。本书着眼于识别和管理互联网上的有害风险内容，基于互联网技术和算法理论，融合了以策略互动为研究对象的博弈分析，深入浅出地介绍了数字内容生态治理的背景、目标、路径及衡量手段。本书尝试探讨以下问题：①互联网平台面临哪些复杂的内容生态环境？这些有害内容对社会和平台的危害分别是什么？社会与互联网平台为此做了哪些努力？②内容风控机制是如何构建的？在其中如何贯彻"自由而负责"的互联网平台理念？③各利益主体之间的策略互动如何影响风控机制的建立？怎样找到落地的现实路径？④不同发展阶段的内容风控机制是如何逐步建立和演化的？内容风控中台建立的必要性是什么？智能风控策略与分发策略如何结合才能产生更大的效用？

本书可作为互联网公司内容风控（含商业与非商业）部门审核、运营、产品、法务和研发人员的必备读物，也可作为政府监管部门（如中华人民共和国国家互联网信息办公室、国家市场监督管理总局等）工作人员、内容创作者、商业广告从业人员以及对互联网感兴趣的研究者的参考用书。

图书在版编目（CIP）数据

数字内容风控与智能机制设计 / 戎文晋著 . —北京：清华大学出版社，2024.2
ISBN 978-7-302-65542-8

Ⅰ. ①数… Ⅱ. ①戎… Ⅲ. ①互联网络 – 信息安全 – 风险管理 Ⅳ. ① TP393.408

中国国家版本馆 CIP 数据核字（2024）第 045206 号

责任编辑： 白立军 常建丽
封面设计： 杨玉兰
责任校对： 郝美丽
责任印制： 杨 艳

出版发行： 清华大学出版社
   网 址： https://www.tup.com.cn，https://www.wqxuetang.com
   地 址： 北京清华大学学研大厦 A 座 **邮 编：** 100084
   社 总 机： 010-83470000 **邮 购：** 010-62786544
   投稿与读者服务： 010-62776969，c-service@tup.tsinghua.edu.cn
   质量反馈： 010-62772015，zhiliang@tup.tsinghua.edu.cn
印 装 者： 三河市龙大印装有限公司
经 销： 全国新华书店
开 本： 148mm×210mm **印 张：** 10.5 **字 数：** 236 千字
版 次： 2024 年 4 月第 1 版 **印 次：** 2024 年 4 月第 1 次印刷
定 价： 69.00 元

产品编号：097500-01

数字经济的发展带给人民更丰富和便利的生活，带来新的经济范式和 GDP 的增长，带动人工智能等高科技的发展。同时，它也是一把双刃剑，数字内容通过互联网络放大了人性中的恶，放大了破坏性。这常常将互联网平台置于舆论风暴的中心，让数字经济的发展面临一道坎——有害内容的泛滥。

政府监管部门、社会各界以及互联网公司都希望迈过这道坎，以更健康地发展数字经济，更深切感知高科技的温暖和善意。做到这一点需要的力量是综合的，法治是根本，监管是关键，互联网平台作为防范有害内容传播的第一道防线，更是须臾不可或缺。这是一个社会系统工程。

本书的作者戎文晋博士，大学毕业后到高校工作，成为"高等数学"课程的教师。在数字经济轰轰烈烈发展的浪潮中，他毅然放弃稳定而光鲜的高校教师的职业，投身互联网公司从事产品设计工作。这一做就是十余年，伴随着互联网从 PC 到移动，从搜索推荐到视频直播，从商业广告到行业应用，他深刻了解互联网产品的运行机制，尤其熟悉内容（包括商业和非商业）的生产、审核、分发以及反馈投诉的全流程。他一贯推崇利用人工智能的方法识别有害内容，并将之作为核心的技术手段和系统工具，形成自己对这个领域的独特视角和贡献。

本书是他近几年带领团队建设有害内容风险控制机制过程中的思考。抛开具体实践内容，这些思考具有普遍意义上的见地和深度，能有效地指导这个领域从业人员的工作。尤其是关于博弈论的应用和分析，将其放大到整个内容安全、业务安全以及信息安全领域，发蒙解惑，启迪智慧。

我愿意向大家推荐本书，相信本书对从业者会裨益颇深。

原百度公司副总裁　王　路

2023.7

"风控"即"风险控制",这个词望文生义,大家似乎一眼就能明白它的意思,但真正把"风控"当成一份工作时,你会发现里面有极深的学问。数字内容风控涉及的内涵和外延、法律关系、政策基础、实践落地,每一项都环环相扣、深邃无比。

2019 年 5 月,我负责筹建和管理"百度商业风控中心"时,专门查阅有关数字内容风控的书籍和文献,但收获寥寥。我想大概一是互联网的工作节奏太快,有风控经验的人员没有太多时间系统沉淀输出相关的专著;二是互联网的发展速度太快,风控人员每天面临的新挑战、新问题层出不穷,难以归纳;三是数字内容风控从理论到实操涉及的环节太复杂,涉及线上与线下的交互和系统化实现,很少有人能全覆盖地了解和思考。

我那时候就在想,如果有人能够把数字内容和商业风控从原理到实践梳理清楚,那后来者就有很好的参考,少走很多弯路,甚至可以提升我们整个行业对风控的理解和行动。

然后,2020 年 2 月,戎老师出现在我面前。初次见面是 2 月的一个下午,在新冠病毒感染疫情肆虐下,整个园区里只有我们两人,一下午的畅谈,我对戎老师的印象非常深刻:产品专家、学者风格。随后,戎老师应邀加入我的风控团队,先后负责百度商业风控的策略和产品。

正因为戎老师在数字产品上的精钻，才能够立足风控实践，归纳出优秀的产品策略和路线；也因为他的学者风格，才能够把这些经验进行逻辑性的归纳与总结，以更系统的方式呈现出来。于是，本书的出版水到渠成。

戎老师的这本书从数字内容风控的法律基础及政策要求谈起，从根本上厘清了数字内容风控的各相关方及其相互关系，系统阐述了风险知识体系的各组成部分，对数字内容风控实践中的机器识别和人工审核原理和执行进行了详细描述，并对如何搭建一个好的风控中台、如何抓住核心点风险暴露率指标进行了论述，最后还介绍了博弈论这一影响风控系统设计的底层逻辑。

有理论，有实战，有故事，有公式，本书把严肃深邃的数字内容风控变得丰富多彩、有血有肉。有了这本书，新踏入数字内容风控领域的同仁们，也许就不会像当年的我一样无书可读了。

原百度商业风控中心总经理
渠道销售发展部总经理
赵　坤
2023.8.28

1996 年 2 月 8 日，49 岁的美国诗人巴洛写了一篇激情澎湃的雄文《网络空间独立宣言》。在这篇当时的网红文中，巴洛写道："（互联网将开创）一个新世界，任何人在任何地方都可以表达信仰，无论这种信仰多么奇葩，而表达者无须担心被胁迫而沉默或服从。"这是数字时代早期网络极客心中的乌托邦。

配合这个乌托邦理想，同年美国的《通信规范法》（Communication Decency Act）出台。其中的第 230 条规定"任何交互式计算机服务的提供商或者用户不应被视为另一信息内容提供商提供的任何信息的发布者和发言人。"（原文：No provider or user of an interactive computer service shall be treated as the publisher or speaker of any information provided by another information content provider.）把这句拗口的法律条款翻译得通俗一点：互联网平台无须为用户发布的内容承担责任。

这就是著名的"230 条款"。230 条款是巴洛独立宣言的另一种表达方式，成为此后 20 多年美国以至全球互联网飞速发展的保护伞。

直到今天，互联网毋庸置疑是有史以来最伟大的发明之一。它无比深刻地改造了全球几十亿居民的社会、经济和政治生活。但是，自由主义意志的表达远远超出以巴洛独立宣言为代表的乌托邦的理想场景。我们在互联网上享受信息便利的同时，也在遭受着网上极端仇恨、亵渎信仰、宣扬暴力、庸俗不堪，以及虚假欺骗等恶性内容生态的强暴。

人性中的这些"恶"借助互联网的能量放大了它们的破坏力。一旦恶性事故发生，就会通过互联网平台迅速传遍全球。此时，互联网平台往往处在舆论的风暴中心，被指责助纣为虐和处置不力。全球 Top 的互联网巨头（如谷歌、推特、腾讯及抖音等）对此都有深刻的体会。每一次网络舆情风暴，都会动摇人们对高科技温暖与善良的信仰，都会动摇 230 条款的合理性。推特治国的美国总统特朗普甚至在推特上愤怒地写道：REVOKE 230！

最近几年，对互联网平台的这种情绪反应是全球性的，中国也不例外。2018 年以来，互联网平台的内容生态治理——从联合国到欧盟，从美国到中国——几乎成为全球的一致行动。互联网巨头们开始意识到，技术不可能中立，超大平台必须承担起"守门人"的社会责任。

这一进程是循序渐进的，是被一个个舆情事件、诉讼案例以及大大小小的社会冲突推进着的，至今这个进程还未完成。互联网巨头并非比其他社会角色更缺乏道德，而是它们也面对着人类发展史上前所未有的信息技术的超高速成长期和由此带来的越来越复杂的社会生态。相反，这些巨头们为了缓和与社会的矛盾，明确提出各自的社会责任目标。谷歌 2004 年就立下"即使放弃一些短期收益，也要为世界谋福利"的志向。Facebook 的创始人马克·扎克伯格（Mark Zuckerberg）希望"发展社会基础设施，让人们有能力建设一个适合所有人的全球社区"。推特承诺采取措施，"促进而非破坏自由的全球性对话"。俄罗斯社交媒体公司 VKontakte "将世界各地的人们相互连接"，而腾讯"为构建和谐社会出一份力，成为良好企业公民"的目标体现了中国人的美好愿望。

很明显，超大型互联网平台存在两个社会角色。

一个是资本支持下的"逐利企业"，目标是收入或市场份额的增长。为了这个目标，内容生态就退居其次了，成为平台实现利益的可调节参数。如果确实能带来可观的流量和收入，那么在内容上进行试探，打出法律的和道德的擦边球必然是平台最优的选择。

超大型平台的另一个角色是责任驱使下的"社会企业"，我们暂先不论这个责任是来自平台的道德感，还是社会的压力使然，这个角色的目标是使平台的内容生态符合社会的、法律的和道德的规范，有时甚至会迁就民众的非理性诉求（如在反日情绪高涨期间，下架来自日本品牌的产品等）。

这两个角色使得互联网平台的产品兼具了私人物品（类似手机这样的商品）和公共产品（类似城市道路这样的物品和服务）的特点，以往针对市场或政府的各种法律规范都显得不够用或不适用。

市场需要获利和自由，而政府需要为整个社会负责。借用哈钦斯委员会[1]的说法，社会对超大型互联网公司的期望是"一个自由而负责"的平台，而不是成为依赖业已形成的垄断地位疯狂赚钱的巨无霸。

自由而负责，这个表述对互联网公司目前的发展阶段而言特别应景。当互联网公司凭借科技创新、商业组织和集体努力的力量自由长大后，"负责"就成为公司必需的属性和能力。只有这样，互联网公司才能突破人口红利消失、创新能力干涸以及社群固化停滞增长的瓶颈，从社会认同与信任中获得更多的自由和成长的空间。用户规模越大，公共产品的属性越强，越需要互联网公司将"负责"内化为一种增长动力，而不是视为一种不得不做的成本投入。

这不是传统意义上 PR 或 GR 所能解决的。PR 或 GR 是在不改变公司既有战略、产品和运营决策机制的前提下，通过关系维护、正面传播、公益活动等行为刷社会面的好感。传统意义上的 PR 或 GR 是让公司与社会相互理解，减少公司在既有发展路径上的社会约束。自由而负责的战略能力却是让公司与社会取得相互信任，在公司承担一定社会责任的同时构建公司新的增长动力。

1　又称新闻自由委员会（The Commission on Freedom of the Press），是1943年由美国出版家亨利·卢斯提议并资助，为调查分析美国报刊自由状况和前景而成立的非官方、临时性新闻研究机构。新闻自由委员会由芝加哥大学校长罗伯特·梅纳德·哈钦斯担任主席，故又称哈钦斯委员会，共13名成员。经过三年的调查，1947年3月，哈钦斯委员会发表了《一个自由而负责任的新闻界》的总报告。

互联网公司在这条道路上存在绝佳的机会。减少或避免有害内容传播，为用户构建清朗的网络空间，会促进平台与政府、用户之间的相互信任，化解政府对互联网平台垄断的过分忌惮，以及民众对互联网商业化的非理性反感。在这一演进过程中，互联网公司将社会民众和政府视角考虑的因素揉合进管理决策中，包括技术的、产品的、运营的及销售的等公司运转的各个环节。互联网公司的目标是成为一个社会良好的企业公民，打开自己自然垄断之外的发展空间。

这种企业能力，我总结为互联网平台与社会的互动能力，这是超越波特五力之外的第六种企业竞争力（见图I）。

图I表示了六种企业竞争力的不同层次，从下往上分别是：

（1）**成本层**。企业在供应商以及购买者的议价能力上胜出，表明企业拥有成本上的优势，这时企业将赚取财务上的收益。

（2）**创新层**。这里的创新既包括技术创新，也包括市场、运营和管理等层面的创新。只有不断创新，才能构建企业壁垒，让潜在进入者和替代门槛增高。这时企业将赚取垄断利润。

（3）**规则层**。具备前面两层的能力，可以保障企业资源有效转化为企业的内驱增长动力，促进企业自身的发展。但是，只有打败了行业内的竞争对手，企业的核心能力才能输出，显性或隐性地成为行业标准。这时企业将通过制定游戏规则使自己始终处于最有利的位置。

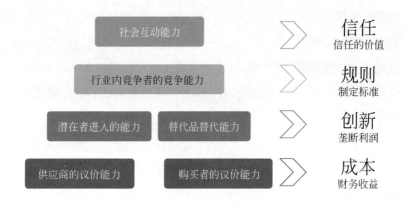

图1 第六种企业竞争力——与社会的互动能力

（4）**信任层。** 当企业越来越大时，尤其是像互联网平台影响到社会的方方面面，来自外行的、非商业组织的、政府的以及民众的质疑和约束力量会成长。如上所述，企业需要重构自身角色，取得社会的信任，在推进社会发展的各个力量中间努力成为对社会贡献不可或缺的一环。

今天，超大型互联网公司已经到了角色重构的重要阶段。互联网公司未来的战略目标一定是构建"自由而负责"的平台。与此同时，互联网公司将建立超越垄断意义上的更高阶的坚不可摧的竞争力。

我在互联网公司工作期间深刻感受到，围绕构建"自由和负责"的平台是一个内涵丰富、意义深远且还在不断探索中的话题。我个人能力有限，但却很有必要将我的粗浅思考沉淀下来，抛砖引玉，为我所热爱的互联网事业贡献一份力量。于是，在离开百度后就有了这本小册子。

图Ⅱ概括了"自由而负责"的平台涉及的主要内容。

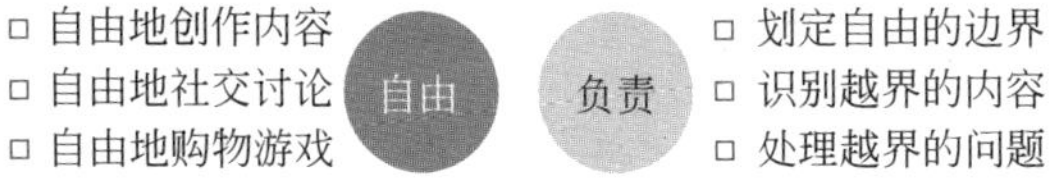

□ 自由地创作内容   □ 划定自由的边界
□ 自由地社交讨论 自由 负责 □ 识别越界的内容
□ 自由地购物游戏   □ 处理越界的问题

图Ⅱ　构建"自由而负责"的平台

图Ⅱ中左右两侧表达的业务互相依赖与牵制。左侧是互联网平台的基础业务，在自利的经济规律驱使下，平台创造了多层次的、多媒体的海量内容，也为互联网平台自身带来了可观的财富。但是，这个"自由"要依赖右侧的"负责"为其规避风险，在平台基础上增强企业取得社会信任的竞争力。

右侧是我想在本书中和读者讨论的重点内容，它为左侧丰富多彩的自由业务划定边界，识别越界的内容风险，以及处理这些越界的内容。在互联网公司内部，左右两侧共同服务于公司新的战略目标——"自由而负责"的平台。

巴洛的宣言"任何人在任何地方都能表达任何信仰"无法实现，根本原因在于极客的眼中世界只有极客。他们将左侧的自由发挥到了极致，而没考虑社会中其他非极客的感受和力量。同样，右侧的"负

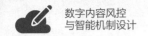
责"也不是单纯站在自由的对立面,不是简单地对越界的内容一删了之。负责的本质是在不同利益群体之间找到最佳的平衡点。这正是一门学科——博弈论所研究的中心内容。于是,我借用博弈论的分析方法解读不同利益方之间的行为,在利益的策略互动中找到了自由主义理想的现实路径。

当然,互联网公司最雄厚的知识基础是信息技术与人工智能,这是"自由而负责"的平台必备的能力。在博弈分析的基础上,本书试图构建一套以"自由而负责"为核心理念的内容风控管理机制,实现平台内容生态治理的智能化。这也是我写本书的目的。

本书的章节安排如下。

第 1 章采用经济学和博弈论的方法探讨在内容风险治理上平台与政府的责任界限。同时,我们还通过实际案例探讨内容风险产生的多方面原因,以及我国制定的与内容风险治理相关的法规。为对此补充,我们还在附录 A 中罗列了对内容风险治理有管辖效力的法律法规,作为参考资料供读者查询。

第 2 章提出风险知识体系的概念。内容风险治理通常遵循"知识—事件—方案—效果"这样的逻辑框架。因此,这一章的内容是本书最基础的部分。

第 3 章和第 4 章分别介绍机器识别和人工审核的工作,这是内容风险治理的两个基本手段。在机器识别部分，重点介绍在内容风险治理领域常用的规则、算法及机器学习的基本原理，目的是使读者破除对机器识别的神秘感，抛砖引玉，启迪读者建设更高效的机器识别风控能力。在人工审核部分，围绕效率提升的话题展开，讨论培训系统、审核系统、任务分配、智能排班以及人机协同等理论分析与实战经验。

第5章介绍事后风险治理的内容。延续前面两章介绍的风险识别能力，本章重点讨论事后风险的巡查机制。我们将业界成熟的风险矩阵评估方法和工单系统引入事后风险治理的领域，使得事后风险的处理能够标准化、自动化和智能化。

第6章探讨风控中台的话题，从风控与业务的耦合、管控与赋能不同定位，以及内容风控策略与内容分发策略的联系三个角度跟读者分享对风控中台的观点。

第7章应用博弈均衡分析对互联网公司风控的核心目标——风险暴露率进行理论探讨，本章引入误杀率、误过率、抽审以及风险暴露后承担的成本等多种因素，分析这些因素对风险暴露率的影响，对于合理认识风险暴露率有特别重要的意义。

第8章介绍博弈论基础知识。这些博弈论的内容在很多地方都能获得，但是我们特意编写了与内容风险治理相关的例子，这样能更好地帮助读者理解博弈论的知识，以及让那些没有博弈论基础的读者也能顺利读完本书而有收获。

在我写作本书的过程中，得到很多朋友的鼓励与帮助，在此衷心表示感谢。原百度公司副总裁王路、原百度商业风控中心和渠道销售发展部总经理赵坤拨冗为本书写了序，闻宠若惊。

小荷健康医疗合规专家张馨怡以及百度业务监察部专家穆杰伟对本书亦有贡献。

最后，感谢清华大学出版社的编辑，在本书的出版过程中，他们的敬业精神、专业能力以及高度的责任感给我留下了深刻的印象。

作者
2023年5月

01 第1章
概述

02 第2章
风险知识体系　044

04 第4章
人工审核　180

07 第7章 风险暴露率 267

08 第8章 博弈论基础简介 289

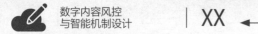

第1章

概　　述

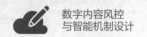
自互联网诞生，就一直有两种观点在碰撞。

一种是自由主义，认为互联网就是公共道路和场所，在互联网上的言论由用户自己负责，不应该让道路或场所的建设者承担责任。

另一种是保守主义，认为互联网是工具，可以让"善"的人生活更加便利，但也能让"恶"的人做更坏的事。互联网公司如果不管用户的言论，就相当于给恶人递刀子，给社会造成更大的危害。

这两种观点的碰撞伴随着过去二三十年互联网的发展历程。在互联网的上半场，自由主义获胜，230 条款是自由主义胜利的里程碑。国内监管部门在一定程度上也接受了这个条款的原则，互联网公司才有了与全球同步的狂飙突进式的增长。

2018 年可以说是自由主义发展的分水岭。全球两大互联网中心——中国和美国，以及没有互联网大平台的欧盟逐渐开始意识到，互联网公司，尤其是超大型互联网平台，应该对其用户发布的内容负起一定责任。保守主义逐渐在各国的监管层形成政策、法案和行动，保守主义开始翻盘了。

本章将探讨如下几个问题。

（1）互联网平台与政府如何进行策略互动，形成有效监管与主动实施的有害内容风控管理机制？这部分内容见 1.1 节。

（2）互联网平台上有哪些数字内容的形式，它们是如何被用户、作者或客户生产出来的？其中每种数字内容潜在的风险有哪些？这部分内容见 1.2 节。

（3）国内关于数字内容的主要法律与政策有哪些？在实践中执行的操作如何？这部分内容见 1.3 节。另外，附录 A 中列出了国内的法律法规，供读者参考。

1.1 平台与政府

本书会一直提到"平台"这个概念，所以先明确一下这个概念的含义，这有助于读者正确理解。本书中所说的"平台"是指通过互联网或通信等技术实现的可供用户发布图文、视频、音频或直播等多种形式内容的产品或功能。平台的主体是互联网公司或其他类

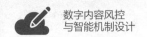

似公司，但为了简单，"平台""平台的主体""互联网公司"，以及
"互联网平台"等在本书中具有相同的含义。

1.1.1　原则

似乎还没有一种创新，在它开创之初就受到社会和法律的如此
垂青。1996 年，互联网刚刚起步，它的发源地——美国就通过了《通
信规范法》（*Communications Decency Act*）。其中的第 230 条成为
互联网事业蓬勃发展的护身符。联合两年后的《数字千年版权法案》
（*Digital Millennium Copyright Act*），共送给互联网公司以下三个免
责彩蛋[1]。

（1）用户负责原则。互联网公司不应为其平台上的用户发言内
容负责。

（2）善良撒马利亚人原则[2]。互联网公司可以根据自己的价值
观删除有害内容，即使这些内容是受宪法保护的。

（3）避风港原则。如果平台上的内容出现了侵权，那么互联网
公司在接到版权方的通知后一定时间内删除即可免除侵权责任。

1　230条款的内容见本书前言。

2　善良撒马利亚人原则主要是在美欧适用的一种法律原则，鼓励人们向伤者、患者或处在困
　　境中的人给予援助，如果援助方式违法或者援助过程中产生了意外，则援助者免责。

美国针对互联网的这三个彩蛋，在全球得到包括中国在内的主要国家的基本认同或变相认同。例如，在中国，避风港原则体现在 2006 年 7 月 1 日起实施的《信息网络传播权保护条例》中。之后，2010 年的《中华人民共和国侵权责任法》、2018 年的《中华人民共和国电子商务法》以及 2021 年的《中华人民共和国民法典》，避风港原则逐步得到强化和完善，详见 1.3 节的对国内相关法规的综述。

过去十几年，在这些原则和法律实践的加持下，互联网公司走上了一条康庄大道。直到今天，互联网公司在信息、娱乐、社交和电商等领域为全世界人民提供了丰富多彩的互联网产品和创新体验。

说上述这些原则创造了互联网，并不夸张。因为如果没有早期这些原则的保护，互联网很可能发展成另外的模样。如果互联网公司一开始就要为用户发布的内容负责，那么互联网公司将谨慎衡量为用户内容负责的成本与所获收益之间的关系。这将是政府和互联网公司之间的一种策略互动。这里，我们引入博弈论的范式 [1] 对其进行推演。

在这个策略互动里，政府面临两个决策：

1　如果读者有一定博弈论基础，那么请继续往下阅读。如果读者没有学习过博弈论或者虽学过但都还给老师了，最好先阅读第8章的内容，那里举了很多内容审核与博弈分析的例子，有助于理解本书的观点。

A = 在某个领域，要求互联网公司承担用户在其平台上发表有害言论的责任。

B = 在某个领域，不要求互联网公司承担用户在其平台上发表有害言论的责任。

同时，互联网公司也有两个决策：

α = 从事该领域的用户内容服务。

β = 不从事该领域的用户内容服务。

图 1.1 是政府和平台收益的矩阵表示。后面我们经常会看到这样的矩阵表示，虽然先读过本书第 8 章的读者已经很熟悉这样的收益矩阵了，但为照顾按顺序阅读的读者，我在这里稍微重复一下。

矩阵的横向和纵向分别表示决策的双方。矩阵中的二元向量中，第一个值表示横向决策方（在图 1.1 中是平台方）的收益，第二个值表示纵向决策方（在图 1.1 中是政府方）的收益。

		政府	
		A	*B*
平台	*α*	(x,5)	(5,4)
	β	(0,1)	(0,1)

图 1.1 政府与平台关于是否对用户言论承担责任的博弈形式

图 1.1 的收益矩阵中有个变量 x，表示当平台承担用户在其上发表有害言论的责任时，平台自己的收益，通常应该是一个负值。所以，当 $x < 0$ 时，这个博弈有唯一的纳什均衡 (A, β)，即只要政府要求平台承担用户内容的责任，平台就放弃或减弱这块业务的发展。

美国有一个案例非常典型地印证这个博弈的预测结果。

【案例 1-1：美国网络性贩卖法案】2018 年，美国总统特朗普签署了一项法案《允许各州和受害者打击网络性贩卖法案》(简称 FOSTA)。简单地讲，这项法案规定，如果网站上有贩卖人口进行卖淫的内容，那么网站将会被起诉，即政府选择了决策 A。这相当于 230 条款的一个特例。结果互联网公司反应很迅速，Craigslist. com (类似国内的 58 同城) 完全删除了征婚这一版块的服务 (容易出现卖淫的内容)。Reddit (类似国内的百度贴吧)、微软和谷歌也撤下了部分页面或功能。

也就是说，平台选择了决策 β。这与图 1.1 所示的博弈形式预测结果完全一致。显然，这是个囚徒困境 [1] 式的均衡，因为社会最优均衡应该在 (B, α) 所在的蓝色区域。

幸运的是，纵观整个互联网的发展过程，政府确实选择了策略

1　囚徒困境的讨论详见8.1.2节。

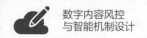

B，而平台选择了策略 α，自发地达成了社会最优均衡。从博弈论的理论预测看，这是不容易的。我们在实践中完全跳出了囚徒困境的魔咒。对人类社会来讲，这就是早期政府鼓励互联网发展创新一系列保护原则的福报。

1.1.2　协调

互联网发展二十多年后，各个子领域都涌现出若干大平台。此时图 1.1 描述的博弈形式是不是发生了变化？是不是现在需要平台对有害内容负起部分责任呢？

通过平台直播，人们可以传播生活和爱，当然也避免不了传播极端暴力和仇恨，这样的事例有很多。极端暴力影像和言论的传播会激发模仿效应，如不制止，则会带来不可预料的更大的社会危害。从全社会各个角色比较下来，阻断这个模仿传播链的责任主体最合适的毋庸置疑就是平台本身。平台设计的产品，平台上产生的内容，平台拥有用户的行为数据，由平台及时消除这些对社会有害的内容确实是社会效率最优的选择。

但是，如何实现这个社会效率最优的理想呢？下面两个条件是必备的。

（1）法律授权。平台获得社会成员或者社会全体成员的代表——政府的授权，毕竟一旦放开口子让平台执行，就需要界定执

行范围、所达到的效果和带来的责任等一系列问题。没有法律授权
做保障，谁能保证平台不作恶呢？

（2）驱动力。平台把外部的授权或监管内化为自身的驱动力，
从而与自身业务完美融合，在平台内部形成内容生态治理的闭环。

条件（1）法律授权相对容易满足，1.1.1节三个保护原则中的
善良撒马利亚人原则就赋予了平台善意删除用户内容的权利，哪怕
这样做会影响用户的其他权利。即使会带来一系列利益方面的冲突，
也可以通过既有的法律或协商解决。国内《网络信息内容生态治理
规定》为平台权力的获取直接提供了政策依据，指明平台有权"以
服务协议等方式与用户约定平台管理规则"。国家的权力授予为平
台的内容治理自主权提供了支撑。

本书关注条件（2），平台如何产生内容风险生态治理的内生驱
动力。

超大型平台当然会有自发的社会道德感和做公益的动机。但是，
如果没有合理的机制和约束力，平台单凭道德感是不可能持久地为
社会整体效率的最优而抵御大量有害内容的冲击。

本书不谈论道德的话题，只讨论如何达到道德想要的结果。

政府将一部分监管权力授权给平台的交换条件是，平台应该针

对明显危害社会整体利益的内容（如暴力仇恨、虚假欺骗和庸俗色情等）采取措施降低传播数量或避免传播。如未能达到政府的要求，平台应该接受惩罚。这样就形成一个政府和平台之间的互动平衡。

下面继续采用博弈论的方法分析这种结果的理论预测。此时，政府面临两个决策：

A = 如果平台没有实施避免或降低用户有害言论传播的措施，则对其惩罚。

B = 即使平台没有实施避免或降低用户有害言论传播的措施，也不对其惩罚。

互联网平台也有两个决策：

α = 采取措施避免或降低用户有害言论传播。

β = 不采取措施避免或降低用户有害言论传播。

图 1.2 是政府和平台关于这个策略互动的收益矩阵。若平台采取策略 α，则需要投入一定成本，因此收益是 -1。对政府而言，平台采取策略 α 将减少社会危害，对政府的社会治理加分，因此政府收益是 2。当平台采取策略 β，减少了平台投入成本，但遇到政府采取决策 A 时，将面临较大的惩罚，平台收益为 -5。

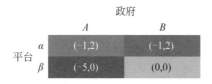

政府

图 1.2　政府与平台关于采取措施避免或降低用户有害言论传播的协调博弈形式

图 1.2 表示的博弈有两个纳什均衡点（A,α）和（B,β）。这是一个典型的不平衡的协调博弈[1]。根据谢林的聚点定律，在这两个均衡点中间，政府会倾向选择 (A, α) 这个均衡，因为这样做政府收益高，并且政府在这个事情中主导作用更强。因此，这样的背景是个聚点。于是，平台也会以此为基础选择自己的策略 α。因此，协调博弈的均衡就落在了 (A, α)。

在现实世界，这样的均衡确实也正在形成中，与理论预测结果几乎一致，见案例 1-2 和案例 1-3。

【案例 1-2：仇恨言论行为准则】2016 年 1 月，欧盟委员会牵头与 Facebook、Twitter、YouTube 和微软等互联网巨头集体签署了一项行为准则，平台承诺"接到举报后 24 小时内屏蔽和删除相关仇恨言论"。

【案例 1-3：国内内容生态治理的组织机构】2017 年，党的十九大报告历史上首次提出"加强互联网内容建设，建立网络综合治理

1　协调博弈及后面提到的聚点定律见8.3节详细介绍。

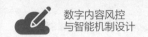
体系，营造清朗的网络空间"。互联网信息办公室则是"营造清朗的网络空间"的主要执行部门。2020年3月，《网络信息内容生态治理规定》正式施行，中国互联网内容治理基本形成了国家、平台、用户等多元主体共同参与的平台治理模式。其中，国家互联网信息办公室是国家权力机构的核心，平台的治理"按照国家互联网信息办公室统一部署"。落实到地方，则与地方机构形成的网络密切相关。地方公安局、互联网信息办公室、文化执法大队等主体构成了一种以地方政府为代表性组织的府际网络，是执行规制政策的重要行动者。

政府监管与超大型平台之间的这种"默认授权加协调博弈"的方式，是绝大多数主流国家对互联网内容的监管模式[1]。

但是，我们也必须意识到，来自市场之外的政府监管是一种具有改变市场结构的力量。行政监管开始是一种行政力量，逐步会走向法治化转换成法制力量。法制需要普适公平性，既要约束大平台，也要约束中小平台。大型平台可以用其他业务的利润对冲法制约束产生的监管审核成本。而对中小互联网平台而言，过严的监管却可能成为巨大的费用，甚至是压垮骆驼的最后一根稻草。最终法制的力量将成为大平台垄断的壁垒，强者更强。这个副作用绝不是政策制定者的初心。

1　这个结论国内几个学者进行了实证数据验证，他们证明：互联网平台发挥公司治理作用依赖于政府对互联网社交媒体进行一定的监管。参见论文：孙鲲鹏，王丹，肖星. 互联网信息环境整治与社交媒体的公司治理作用[J]. 管理世界，2020, 36(7):106-131。

不过，垄断的话题超出了本书的范畴，这里暂且不详述。先回到一个基本问题：在保证清朗的网络内容生态这个事情上，平台和政府的职责界限在哪里？

1.1.3 界限

从以上平台与政府的讨论可以看到，互联网平台实际上有某种公共品的属性。在经济学上，我们用非竞争性和非排他性描述一个商品或服务的公共品属性。

非竞争性是指当消费者增加消费时不会引起边际成本的增加。举例来说，工体的演唱会增加一名观众，既不会增加组织者的成本，也不会影响其他观众。所以，演唱会是具有非竞争性的服务。类似地，绝大多数互联网产品都具有非竞争性。

非排他性是指不可能排除任何人对该商品或服务的消费。工体的演唱会是可以通过卖票排除不花钱的观众进入的。而公海上的渔业资源，我们无法排除任何国家的捕鱼船在公海捕鱼。还有以前树立在海边的灯塔，为过往船只指示航向和危险区域，也无法排除任何船只使用它，即使船只不交钱。显然，所有的互联网产品都是可排他的，只要设置用户权限即可。

按这两个特征的组合，可以划分出四类商品或服务，如图 1.3 所示。

经济学中对物品的这种划分出现的时候还没有互联网平台。实际上，把互联网平台划分在俱乐部商品里并非完全合理。互联网平台虽然具备排他性能力，但我们很少听说哪个互联网产品使用排他的能力，几乎所有互联网产品理论上都开放给全体人类使用[1]。这与传统意义上的俱乐部商品完全不同。如果把每个互联网产品当成一个俱乐部，它与实体俱乐部的重要区别是：无论演唱会还是电影院，实体俱乐部都有总会员或成员数的上限，但互联网产品没有，而且任何时候增加用户的边际成本几乎都是零。所以，互联网公司根本没有理由行使排他的权利。

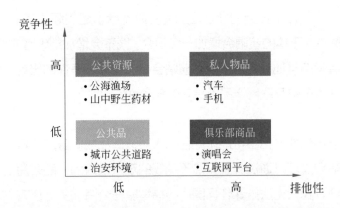

图 1.3　按竞争性和排他性给物品的分类

事实上，演唱会的形式也在发展变化中。2022 年 5 月 28 日，腾讯视频号和抖音推出两场在线演唱会进行直播，两场的主角分别

1　即使是哔哩哔哩（简称B站）这个起初仅限于二次元用户的动漫网站，也在上市后开放给所有人注册了。

是罗大佑和孙燕姿。直播软件上显示，罗大佑那场有 4000 多万观众，而孙燕姿那场有高达 2.4 亿人在线观看 [1]。这完全超越了布坎南（Buchanan）[2] 俱乐部理论研究时的想象。

因此，互联网平台的本质是一个完全由私人企业提供的公共品。过去几十年互联网的发展证明，这种提供方式是有市场效率的。

但是，私人企业产生的外部效应——有害内容泛滥的成本却是由整个社会承担的。这跟钢铁工厂的排污类似，钢铁厂的发展使得自身效益增长，但产生的污水却让下游的居民和企业买单。

按照科斯定理（Coase Theorem）[3]，如果这个外部性的产权清晰，那么可以通过市场交易机制内化解决这个外部性。以河流污染为例，下游的居民和企业可以与钢铁厂谈判，形成一个补偿协议。从而，污染就内化为钢铁厂的成本在市场资源配置的大循环体系内解决。

有害内容的泛滥可以这样解决吗？不能。

---

1 有必要解释下，腾讯视频号和抖音直播的观看人次计算方法不一样。腾讯视频号是一个ID算一次，抖音是累积计算，一用户进入两次则计为2。所以综合下来，两者差不多。

2 布坎南（Buchanan）是美国经济学家，1986年获得诺贝尔经济学奖，他的主要理论贡献是公共选择经济学。1965年，他出版了《俱乐部经济理论》一书，系统研究了俱乐部理论。

3 科斯定理（Coase Theorem）是经济学中的一个著名定理，这个定理说，如果只是产权清晰，且交易成本极小，那么市场机制总能纠正经济的外部性或者非效率的现象。科斯是英国经济学家，新制度经济学和产权理论的奠基人，1991年获得诺贝尔经济学奖。

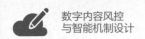
　　科斯定理成立的前提条件是，这个外部效应的产权清晰。清朗的网络空间是全体网民的权利，但它却无法分割从而进行交易补偿。因此，这种无法内化成互联网平台成本的外部效应，就需要政府监管的介入。

　　那么，有没有一些有害内容的传播是通过市场化的方式解决的？当然有。

　　【案例 1-4：音频侵权事件】2020 年 6 月，某网 A 的用户在某网 A 上传了某个电影的纯音频文件。而这部当时大火的电影的网络传播权由制片方授权给了某网 B。于是，某网 B 就以侵害信息网络传播权为由起诉某网 A。最终，北京互联网法院一审判决某网 A 侵权，某网 A 需赔偿某网 B 6 万元及合理开支 5000 元。

　　像侵权这样的行为，内容产权很清晰，完全可以让市场机制解决各种纠纷，而毋须政府介入。

　　综合下来，平台治理有害内容大致有以下四种情形。

　　（1）政府监管要求。平台会在监管的指导下对暴力仇恨等极端危害社会整体利益的内容进行治理。

　　（2）舆情压力下的治理。比如平台上明显性别歧视的内容，会带来舆情负面评价，影响平台自身商誉，从而平台有动力防控这些内容。

（3）侵权诉讼的推动。比如平台上的内容侵犯著作权或名誉权等，受侵犯的主体会起诉平台。平台为避免诉讼成本和诉讼后的赔偿，自身也有动力治理这些侵权内容。

（4）平台自己的优化需求。比如一些令人不适的画面（恐怖的游戏、血腥的手术场景等），这会影响平台自身用户的体验，平台有主动防控的动力。

这样，利用外部性和科斯定理，就将平台和政府在内容生态治理上的职责界限划分清楚了（见图 1.4）。

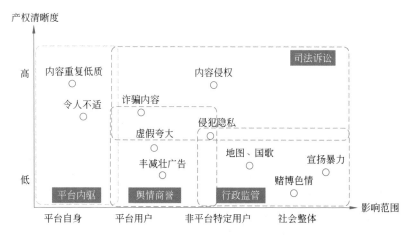

图 1.4　平台内容生态治理的驱动力来源

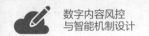
政府监管专注于那些产权不清晰而又危害社会整体利益的内容（图 1.4 中右下角虚线框内的部分），这部分内容应该政府主导而平台负责执行。其他三部分情形的内容治理应该交给平台和市场自行处理。当然，如图 1.4 所示，这几部分的边界也常常重叠，这也是我写作本书的动力之一。内容风险治理领域常常有一些无法解决的难题，本书也会提出来，除了跟读者一起探讨外，也希望抛砖引玉，启迪读者的智慧，为数字内容生态的治理做出更大贡献。

1.2　内容之祸

数字内容对互联网平台的潜在风险，并不是突然之间出现的。互联网平台亦被称为新媒体，与其他媒体（如广播、电视和平面媒体等）的内容传播一样服从传播学的基本规律。传播学大师威廉姆·阿伦斯（W.F.Arens）打过一个比方：信息传播就像打桌球，撞击白球好比发布内容，受此影响的不仅是被白球碰触到的预期用户，而是桌上所有的球（见图 1.5）。

正是这种不可预期的不同利益主体之间千丝万缕的相互影响，才产生了对数字内容发布方——互联网平台的潜在风险。这些风险从数字内容产生第一天起就存在，如前文所述，以前之所以没有成为主要矛盾，是因为整个社会对技术创新的妥协。而互联网经过二十多年的开疆拓土，如今已形成对民生影响深远、经济规模巨大的新媒体、新零售和新社交等新兴产业。与此同时，数字内容对平

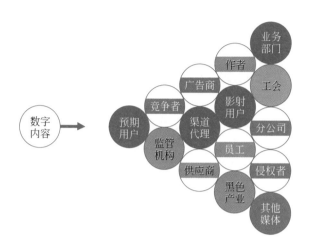

图 1.5　数字内容发布后，潜在受影响的角色

台产生的潜在风险也随之放大。

1.1.3 节指出了互联网平台内容治理驱动力的四个来源，本节通过一些案例深入分析一下，这些驱动力如何推动平台规避内容之祸和治理内容生态。其中有很多难题并没有现成的解法，需要读者一起思考，共同推进，找到问题的最佳解法。

1.2.1　库存之险

只要开门做生意，都会遇到各种诉讼，互联网公司也不例外。数字内容传播引起的诉讼多数属于侵权的类型。比如平台上的商家发布广告假冒他人授权，或者作者发布的内容侵犯了他人著作权或名誉权等。

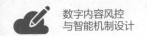

与传统媒介不同的是，互联网媒介的信息传播是有记忆的，传播的数字内容具有持久性。这个特点有时会给互联网平台带来意想不到的"惊（Jing）喜（Xia）"。

【案例 1-5：百科词条侵权事件】2019 年 8 月，北京互联网法院宣判了一个案子。网友在六年前编辑的一个百科词条涉名誉侵权，某网被判承担民事责任。2013 年，某网的网友编辑修改了一个百科词条。因为某网百科词条是开放的，所有网民都可编辑，所以按照当时的法律《信息网络传播权保护条例》，经某网审核后正常上线。转眼到了五年后的 2018 年，该词条涉及某人，于是该人告诉某网，这个词条侵犯了他的名誉权。虽然某网按照"通知 - 删除"的避风港原则删除了该词条，但该人仍然起诉了某网。经法院审判后，虽然某网百科是开放编辑的，但是某网未尽到网络服务提供者的管理义务，对本案侵权行为的发生具有过错，应承担相应的侵权责任。

这个案例对互联网平台的重大暗示是，互联网平台为其内容负责不存在回溯时间的上限。这是因为互联网内容的创作、提交和审核时间与实际展现或分发时间并不一致，这中间有很长的间隔。用户通过搜索等平台提供的服务就可以将平台数据库里很久以前的内容像"考古"一样挖掘并展现出来，而这些内容可能违反当前的新法规或者与当前语境违和。这就成了大型互联网平台的噩梦，自己数据库里存储着数量未知的炸弹，不知道什么时候就被燃爆了。我们把它叫作库存风险。

为应对库存风险，互联网平台常做两件事：一是在内容分发策略上降低"考古"内容的分发权重，减少其燃爆的概率；二是定期用新模型回溯库存，找出有潜在风险的内容，提前将其下线。

对于商业内容的侵权，库存风险会更加突出一些。

【案例 1-6：违法广告被处罚事件】2022 年 5 月，广州市市场监督部门处罚了某知名演员的违法广告代言行为。该知名演员在为一家普通食品做广告时，宣称代言商品具有"阻止油脂和糖分吸收"的功效。该知名演员的这条广告踩中《中华人民共和国广告法》的两条红线：

红线 1：《中华人民共和国广告法》第 17 条"除医疗、药品、医疗器械广告外，禁止其他任何广告涉及疾病治疗功能"。

红线 2：《中华人民共和国广告法》第 38 条第 1 款"（广告代言人）不得为其未使用过的商品或者未接受过的服务作推荐、证明"。

除了罚款之外，该知名演员的更大损失来自《中华人民共和国广告法》第 38 条第 3 款"对在虚假广告中作推荐、证明受到行政处罚未满三年的自然人、法人或者其他组织，不得利用其作为广告代言人"，因此该知名演员在三年内不得再做广告代言人。

这就回到上面提到的库存风险了。按广告法要求，处罚下达之日起，那些已经在各互联网平台广告数据库中存在的该知名演员代言的广告就应该删除。但要真正做到这一点也绝非易事，其中的困难可能有：

（1）成本。超大型平台的广告库存量以千万甚至数亿计，回溯将是一个巨大的工程，成本耗费较多。

（2）找全。召回所有的风险内容是做不到的。

（3）误杀。难免有数量不少的错误召回，需要有相应的运营人员处理。

（4）落地页。广告落地页的二跳页数量会更加庞大[1]，这使得回溯成本指数级上升。

既然事后解决像一座山，那么事前是不是可以进行相应预防和风险管理呢？

互联网产品的运营模式与内容引发的风险息息相关。百度百科是开放编辑的，必然产生大量侵权的种子内容，如果运营模式不变，这些潜在风险是无法避免的。所以，针对容易产生侵权的词条，百度百科一直在收紧开放编辑的口子（比如编辑的内容必须有权威的

1　广告落地页的二跳是否还属于广告，或者是否还属于平台负责的边界，至今仍无定论。但
　　1.2.4节提供了一个案例供讨论：案例1-12。

信源）。对于医学这类专业词条，百度百科实际上关闭了公众编辑的权限，只赋予官方合作的医学专家可以编辑。这就从根本上大大减少了事后风险发生的概率。

理论上，全量回溯有重重困难，那么最实际的办法就是根据经验对容易回溯的重点类别建立风险知识体系，比如在所有内容和广告上增加明星代言的标签。这样，在需要回溯时，只要依标签识别即可。关于标签体系构建的内容，第2章会讨论。

本质上，库存风险对平台而言是个平衡术：风险暴露与投入成本之间的平衡，第7章会对此进行精细的博弈分析。

1.2.2 平台之尬

虽然互联网平台有 1.1.1 节提到的三个保护原则护身，但进入互联网下半场以来，这些原则不断受到挑战。

【案例 1-7：应用商店侵权事件】2015 年某人发现，消费者在某应用商店，下载一款手机应用，便可直接阅读他的作品。而他的作品从未授权给这个 App 的开发者，也未授权给该应用商店。于是，他一纸诉状将应用商店的开发运营公司告上法庭。某人认为，被告公司给第三方提供网络服务，具有主观过错，没有尽到合理注意义务，间接帮助第三方的侵权行为，应该承担相应侵权责任。

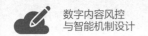
经过漫长的审理，到 2019 年，该案件终审结束。法院最终认为，应用商店作为一个相对封闭的系统，其开发运营的公司通过一系列协议，基本控制了该平台上应用程序开发的方向和标准。考虑到该公司作为某应用商店的运营者，其对网络服务平台的控制力和管理能力非常强，因此该公司承担相应的侵权责任。

在这个案例中，法院并没有认可"通知–删除"的避风港原则，而是倾向下面的逻辑：由于平台对内容和用户的控制力足够强，所以应该对上传内容是否侵权一事负责。这是北京知识产权法院审判的一个案子，而在同一年，杭州互联网法院审判的另一个类似案件却给出了相反的判决。

【案例 1-8：小程序侵权】2018 年 7 月，某公司 A 发现他们公司的音频课出现在某平台 B 的三个小程序里。而这三个小程序的运营方是某公司 C，但某公司 A 从未授权复制并传播这些音频课。于是，某公司 A 起诉了某公司 C。同时，某公司 A 认为某平台 B 有审核义务，它放任了某公司 C 的侵权行为，属于帮助实施侵权，从而连带起诉了某平台 B。这就是全国首例小程序侵权案。该案经过一、二审，最终于 2019 年 11 月结案。终审判定某公司 C 侵权，应赔偿某公司 A 相应损失，小程序提供了基础性技术服务，且小程序的数据并不在某平台 B 的服务器上，所以某平台 B 无须担责。

这两个案件对平台方不同的判决结果说明，法院对"通知–删除"原则的应用正在分化，整个社会正在重新看待平台应承担的责任。随着技术创新的深入，平台如何承担内容风险治理的责任也将会在一个个事件的冲突中逐渐形成各方接受的解决办法。现在，这一过程还在进行中。对平台而言，还有一段尴尬的路要走，平台无法准确预知哪些内容可能会引起冲突，只能在模糊地带不断试探。

1.2.3　预期之外

从前文的描述中可以看到，本书讨论的"数字内容"的定义是非常宽泛的。从技术的视角看，数字内容是互联网公司服务器里的比特流。根据不同的业务目标，这些比特流在服务器里进行二进制计算，计算结果通过网络传输到用户的手机、计算机等终端上。用户在终端上看到的就是本书所说的数字内容。所以，数字内容既包括长篇大论的文章或情节曲折的长视频，也包括用户的评论和点赞，还包括用户昵称和签名等。

在一些本身是面向 B 端的平台上，只要是用户输入的内容，就可能面临风险（见图 1.6）。

【案例 1-9：钉钉社区停更事件】2019 年 5 月 11 日，中国著名的移动办公平台——钉钉社区发布公告称，因钉钉社区出现了违规的内容，将停更整改一个月。

这种违规内容的产生显然是被用户恶意使用了，这超出了钉钉

图 1.6　钉钉社区停更

平台的预期。

　　除此之外，黑色产业链（简称黑产）团伙常常利用平台上可以展示内容的所有地方（如评论、私信、留言等），输入大量招嫖、博彩和毒品交易内容，进行所谓的饱和录入，以达到他们疯狂获取相应用户的目的。黑产的这种行为会严重干扰平台的正常业务，并引发大量平台用户投诉。一些平台的竞争对手常常也恶意使用此方法给平台造成困扰，甚至平台的 App 被应用商店下架。

这种内容风险最终是业务风险，需要从产品业务上防范，堵住恶行。对于大型平台而言，通常有专人负责打击包括饱和录入在内的黑产行径，实施精细化的内容策略和用户策略。这种黑产最多是在流量上占便宜，但付出的成本损失（账号封禁等）比较大。但是，对中小平台来讲，如果黑产进行这样的饱和录入攻击，平台会付出极大的代价，甚至业务会瘫痪。曾几何时，互联网上 BBS 这个形态的产品盛行一时，但最终都悄无声息了。一个重要原因就是黑产在 BBS 上的肆意妄为，不断刷垃圾内容，使得正常用户逐渐都流失了。

防黑能力是大型平台的必备技能，这也是平台类产品强者越强，弱者越弱的原因之一。

1.2.4 广告之非

广告是互联网平台最核心的收入来源，广告本身也是一类数字内容。1.2.1 节中的案例 1-6 说明，广告这类数字内容有相应的广告法等法律进行约束。但并不是说，平台按照广告法的要求进行风险防范就可以高枕无忧了。不恰当的广告内容把平台拉下水的能力丝毫不弱于用户的极端言论。广告对互联网平台的潜在风险来自以下三个方面。

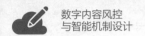
（1）广告主发布违规广告，广告主受罚，平台无法律责任。此时对互联网平台的影响是广告主减少，收入下降。

（2）广告主发布违法广告且对消费者造成损害，平台有连带责任。此时互联网平台会连带受到金钱惩罚和市场商誉损失。

（3）广告主以发布某类合规广告为幌子欺诈消费者等犯罪行为，平台虽无法律责任，但面临舆情风险。而且，利用某类正规广告行骗会导致用户不再相信这类广告，导致正常投放这类广告的广告主无法获得收益，从而平台收入减少。

为避免上述（1）和（2）风险的产生，互联网平台会按照广告法的规定审核广告主提交的广告物料，并指导广告主提交合乎规定的广告内容。为避免（3）中的风险，需要建立广告主的信用分机制，将有历史不良记录的广告客户挡在合作名单之外。

【案例1-10：搜索广告金融诈骗事件】2022年1月，新加坡警方发布通告，提醒公众提防新的诈骗手法。有诈骗团伙在某搜索引擎上投放广告，公众在该搜索引擎搜索银行的联系号码时，骗子刊登的广告会出现在搜索结果的首几个选项，并给受害者提供假的联系号码。

当受害者拨打有关号码后，骗子会假冒银行人员与他们通话。骗子在了解受害者联系银行的原因后，会找借口说受害者的银行户头、信用卡／借记卡或贷款金额出现问题。骗子会以解决银行户头或信用卡／借记卡的问题，或支付未偿贷款为借口，指示受害者暂时将资金转移到由骗子提供的银行户头。

当受害者拨打真的银行热线查证骗子提供的银行户头情况，或银行主动联系他们核实高额汇款的原因时，才发现自己上当了。

通过搜索广告进行诈骗，自从搜索引擎诞生以来就一直被人诟病。搜索引擎标榜的搜索结果精准的特点，对骗子来说也是最佳的筛选欺骗对象的工具。这些骗子多以金融投资、婚姻交友和招聘招工等正规面貌出现。互联网平台单纯从广告内容和公司资质上严审是无法做到有效防范的，正如新加坡这个案例所述，骗子行为是在线下发生的，已经脱离了平台的掌控。首先这个问题是个社会问题，只要骗子的生意有利润，就永远存在老鼠屎，这是人类的恶。平台要做的是如何尽可能早地识别出这些骗子，而不影响正常广告主的投放。

【案例 1-11：污辱英雄烈士广告事件】2018 年 6 月，某网 A 委托的公司通过购买关键词在某搜索引擎 B 上推广自己的 App。某网 A 的委托公司不恰当地购买了"某英雄烈士的名字"这个关键词。最终，在某搜索引擎 B 上出现的某网 A 的广告中含有了污辱某英雄烈士的内容。

2018 年 7 月 10 日，北京市工商局海淀分局判定，某网 A（广

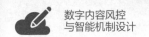
告主）和某搜索引擎 B（平台）的行为违反了《中华人民共和国英
雄烈士保护法》第二十二条和《中华人民共和国广告法》第九条的
规定，各罚款 100 万元。

这个案例体现出搜索广告与其他线上广告的不同。

这里以案例 1-11 为例，简单介绍搜索广告的展现发布逻辑。
这条展现在网民面前的搜索广告内容由两部分组成：一部分来自用
户的输入"某英雄烈士的名字"，其他内容则是广告主（即某网 A
及其代理商）事先撰写好的，经过某搜索引擎 B 审核后存在它的广
告库中。广告主还要购买一个关键词包。当用户搜索的词命中广告
主购买的关键词包时，广告主的广告就从广告库中触发出来，并结
合用户输入的词拼成一条广告展现出来。这样就违法了。

广告主（某网 A）和平台（某搜索引擎 B）犯了一个关键错误：
购买的关键词包里包含了"某英雄烈士的名字"这样一个触犯法律
的词。

【案例 1-12：二跳广告被罚事件】2018 年 3 月，中央电视台财
经频道播出《某网广告里的"二跳"玄机》。片中，新闻记者在南
宁打开某网 App，推荐栏内出现"补气血"三个字，点击这三个字
后一跳页面出现一则名为"芪冬养血胶囊"的非处方药品广告。在
这个页面的指引下，用户再次点击后二跳页面出现"中国中医科学
院临床医学专家"的违规广告内容。

随后，北京市工商行政管理局海淀分局对某网 A 违规广告做出行政处罚，没收广告费 23 万元，并处广告费用 3 倍的罚款。

这个案例引发了一个至今也没有明确定论的思考：平台对于广告跳转的责任边界在哪里？这至今还未有明确的答案。

1.2.5　生产之源

1.2.3 节曾给本书要讨论的"数字内容"下过一个定义。它的起点是奔腾在服务器和网络里的比特流，而终点是用户在手机和计算机上看到的包括图文、动漫、视频和直播等具体的内容。这些数字内容的不同组合形式，再加上用户互动（点击、打赏、回复等）等功能，就形成了一个个互联网产品，如微博、抖音、搜索、知乎、推特等。

而从宏观上看，这些数字内容有三个来源，即 UGC、PGC 和 OGC。不同来源的数字内容，有不同的内容风险发生机制。

1. UGC（User-Generated Content，用户产生的内容）

UGC 是平台通过社区氛围激励用户产生的内容。早期互联网平台的内容多数是以这种方式生产的，比如优酷和各种论坛。现在的互联网内容里有相当大的比重仍是纯 UGC 生产的，最典型的是微博、贴吧和微信朋友圈。UGC 内容对平台的风险来源于平台对网络用户的可控性非常弱。

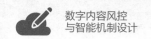
遍布现实世界各个角落的用户，用户有了负面情绪和难过的事，提前察觉与预知也太难为平台了。平台能做的最佳的事也不过是等用户在平台上发布内容时，进行事中拦截和事后处理，相当被动。

【案例 1-13：德国柏林禁止事件】2015 年 9 月，3 岁的叙利亚小难民阿兰溺死在沙滩上的照片引来全世界的慨叹。在某知名社交平台上，一个名为"柏林禁止"的主页刊登出阿兰的照片，但配的文字却是"我们应当庆祝，而不是伤心"。此帖在德国引起轩然大波，德国刑法规定，"教唆和传播种族以及宗教歧视信息，可判处三年以下有期徒刑"。柏林警方拘捕了发帖人，并要求该知名社交平台删帖，然而该知名社交平台在几个小时后才做出反应。德国监管官员表示，该知名社交平台处理仇恨言论"行动懈怠迟缓甚至不作为。"

即使不是这种极端事件，日常在某些社区互动氛围的带动下，正常用户也会产生主观和情绪化的极端表达。甚至当用户发现自己发布的内容被平台审核过滤掉时，还会激发出用户的挑战欲，不断尝试对抗平台的审核策略，以此获得成就感。

另外，围绕在平台周围，还有一些组织团伙伪装成用户生产和发布赌博、色情和诈骗等的违法内容，有组织地对抗平台的风控策略。

总之，只要是开放的，平台就必须应对"用户在暗，平台在明"的不利治理环境。

2. PGC（Professionally Generated Content，专家产生的内容）

PGC 是由专业人士生产的内容，供普通用户浏览。典型的互联网产品是知乎和果壳。这些内容的生产门槛比较高，专业人士通常会爱惜自己的羽毛，他们创作的内容比纯 UGC 内容质量要高很多，给平台带来的风险也相对小很多。

但风险的产生是由多种因素综合起效的结果。专业能力高不代表生产的内容就正确，生产的内容正确也不代表发布的场景适配。

全球各地都有来自本地文化和习俗的敏感内容，对于这些敏感信息的发布，即使是权威人士发布，也应该慎之又慎。

3. OGC（Occupationally Generated Content，职业产生的内容）

OGC 也是由专业人士生产的内容，但它与 PGC 的区别是生产内容的专业人士要取得报酬，甚至以此为业。比如 MCN 机构组织专业人士生产并发布在抖音、小红书等自媒体上的内容。这些内容虽然也是专业人士生产，但由于有了金钱激励，反而会带来更多的风险，如侵权、虚假欺骗和软文营销等。

【案例 1-14：流量博主虚假营销事件】2021 年，某 MCN 公司 A 与某口腔医院 B 签订了协议，约定某口腔医院 B 通过当事人招募 400 名流量博主在某平台 C 上推广某口腔医院 B 销售的隐形牙套产品。某 MCN 公司 A 按协议要求招募到 400 名某平台 C 流量博主，这 400 名流量博主将事先拟定的图文发布在某平台 C 的个人账号

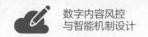
上。某 MCN 公司 A 在上述宣传推广服务中获得服务费用 339200 元（含税）。

上海市浦东新区市场监督管理局经核查认为，这 400 名流量博主在发布上述图文前和发布时均不是某口腔医院 B 隐形牙套的实际患者或者使用者，其发布的图文内容均是根据某 MCN 公司 A 和某口腔医院 B 事先编撰的虚假宣传文案。

上述行为违反了《中华人民共和国反不正当竞争法》第八条第二款规定，构成帮助其他经营者虚假宣传之行为。2022 年 3 月，综合考量当事人违法行为的情节和危害后果，依据《中华人民共和国反不正当竞争法》第二十条第一款规定，浦东新区市场监督管理局决定对某 MCN 公司 A 罚款 450000 元。

这个案例中，虽然某平台 C 没有受到监管的处罚，但这是侥幸。《中华人民共和国广告法》第四十五条明确规定：平台明知或者应知广告活动违法不予制止的属违法行为。就在这个处罚判定前，某平台 C 起诉了 4 家 MCN 机构，称这 4 家 MCN 机构从事"代写代发"虚假种草笔记的业务，帮助商家及博主进行虚假推广，对平台内容生态和平台信誉造成极大伤害，同时严重损害了用户的合法权益。可见，平台已经对 MCN 虚假种草之风感到切肤之痛。

通常，同一个互联网产品会同时包含上述几种方式生产的内容。比如微博，既有普通用户随手发的 UGC 内容，也有专家学者写的专业文章（PGC），更有职业写手为了挣钱发布的微博内容（OGC）。这一特点对数字内容的风险防控带来的挑战会更大，因为不同生产来源的风险侧重点不同，互联网平台需要采用不同的风控策略应对。

1.3　内容之治

互联网平台面临的诉讼风险和监管风险多数来源于法律法规，互联网企业从事数字内容传播必须承担相应的社会责任和义务（比如不合规广告的连带责任）。相应地，当风险发生时（比如用户上传的内容侵犯了某人的著作权），互联网企业其实也希望能依据既定的法律法规应对。一句话总结，事前知道风险的底线在哪里，事后知道法律在哪里。这应该是所有信奉自由市场经济的民营企业的理想。

但是，不幸的是，在互联网的上半场，由于新技术、新业态、新产品的快速演进，互联网很多领域的立法基本上是滞后的。通常，新产品或新业务会经历一个生死劫的兴亡周期。

幸运的是，在中国互联网行业刚刚起步的 1999 年，依法治国写入了中国的宪法。随后的各届中共中央领导层都坚持这一理念并在实践中不断推进。党的十八大以来，我们看到互联网领域的法治建设明显加快。

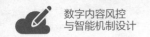
本节撷取与互联网数字内容服务及生态治理关系密切的政策、规章和法律与读者分享。但是，请读者切记，本书的重点不在法律层面，介绍这部分内容是为了帮助读者及互联网企业风控部门的员工更深刻地理解数字内容带来的风险及防范措施。本书附录 A 列出了与本书讨论有关的法律法规，供读者查阅参考。

1.3.1　中共中央政策指导文件

十九大以来，中共中央对网络法治的要求在逐步向纵深迈进，明确了网络法治总体框架体系，确定了建立健全网络综合治理体系的目标，逐步将社会治理从现实社会向网络空间覆盖，网络空间治理的重要性和关键性不断凸显。其中，有关数字内容生态的政策文件相关陈述如下。

1.《中共中央关于全面推进依法治国若干重大问题的决定》

2014 年，中共中央十八届四中全会发表《中共中央关于全面推进依法治国若干重大问题的决定》，文中指出：

"加强互联网领域立法，完善网络信息服务、网络安全保护、网络社会管理等方面的法律法规，依法规范网络行为"

中央第一次表明互联网立法的三个方向：网络信息服务、网络安全保护和网络社会管理。这三个方向虽然有交叉，但各有侧重。网络信息服务侧重网络信息健康、有序，网络安全保护侧重网络设施安全、可靠，而网络社会管理则侧重确立网络行为准则。

2.《决胜全面建成小康社会夺取新时代中国特色社会主义伟大胜利》

2017 年，中共中央十九届一中全会发表的《决胜全面建成小康社会夺取新时代中国特色社会主义伟大胜利》，文中指出：

> "加强互联网内容建设，建立网络综合治理体系，营造清朗的网络空间"

中央首次提出"清朗的网络空间"这一概念，表明包括数字内容在内的网络空间已经不那么清朗了，需要治理。至于如何治理，政府监管部门开始了探索和尝试，并在两年后的文件中给出了答案。

3.《中共中央关于坚持和完善中国特色社会主义制度推进国家治理体系和治理能力现代化若干重大问题的决定》

2019 年，中共中央十九届四中全会发表的《中共中央关于坚持和完善中国特色社会主义制度推进国家治理体系和治理能力现代化若干重大问题的决定》中指出：

> "建立健全网络综合治理体系，加强和创新互联网内容建设，落实互联网企业信息管理主体责任，全面提高网络治理能力，营造清朗的网络空间"

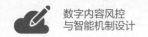
中央第一次提出"互联网企业信息管理主体责任"，互联网企业对内容风险将比之前有更大的责任和义务，这也导致数字内容风控成为中大型互联网企业的业务标配和组织标配。这也是针对两年前首次提出"营造清朗的网络空间"这一目标的关键实现路径。

4.《法治社会建设实施纲要（2020—2025 年）》

2020 年 12 月,中共中央印发《法治社会建设实施纲要（2020—2025 年）》,关于数字内容，文中指出:

"完善网络法律制度。通过立改废释并举等方式，推动现有法律法规延伸适用到网络空间。完善网络信息服务方面的法律法规，修订互联网信息服务管理办法，研究制定互联网信息服务严重失信主体信用信息管理办法，制定完善对网络直播、自媒体、知识社区问答等新媒体业态和算法推荐、深度学习等新技术应用的规范管理办法"

中央第一次在文件中提出对"算法推荐"进行合规管理。因为大多数互联网企业会应用推荐算法分发各种数字内容，所以这一指导文件对数字内容风控有深远的影响。

1.3.2　网络信息内容生态治理规定

这是国家互联网信息办公室于 2019 年 12 月 15 日发布，2020 年 3 月 1 日正式实施的部门规章，也是目前对数字内容进行政策监管的纲领性法规。

这个规定从监管角度把网络数字内容分成以下三类。

（1）正能量内容。

（2）违法内容。

（3）不良内容。

法规鼓励正能量内容，禁止违法内容，防范不良内容。这从法规上明确了网络数字内容的红线，使互联网企业运营数字内容有法可依，数字内容风控有了比较清晰的目标。

这个规定还明确了内容生产者、内容服务平台、内容使用者，以及监管部门的法律责任与义务。其中关于互联网平台的责任，这个规定明确网络信息内容服务平台应当履行信息内容管理主体责任，建立网络信息内容生态治理机制。明确了平台运行环节管理要求，包括建立健全算法推荐的人工干预和用户自主选择机制、广告管理制度、平台公约和用户协议制度、举报制度、年度报告制度等。这些规定及之后的实施会促进各互联网公司风控组织结构与业务职能的整合。

1.3.3　信息网络传播权保护条例

这是国务院于 2006 年发布，并于 2013 年修订，根据《中华

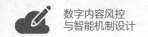

人民共和国著作权法》制订的一部条例，目的是保护著作权人在网络传播时的权利，其中涉及网络服务平台，也就是互联网企业的权利义务。

互联网企业最常用到的"通知－删除"条款就来自这个条例。下面举两个例子。

【案例 1-15：转载文章事件】2019 年，某用户 A 发表在微博上的一篇文章，被另一名用户抄袭后发布在某网 B 上。某用户 A 通知某网 B 后，某网 B 经核实后删除。某用户 A 认为平台转载侵权的作品严重损害了其著作权，给其造成重大经济损失，于是向法院起诉。但法院并未支持其诉求。

这里法院所依据的就是《信息网络传播权保护条例》中的"通知－删除"条款。当然也不是说所有的"通知－删除"场景都会保护互联网平台。

【案例 1-16：某网 A 侵害某网 B 作品事件】2020 年 12 月宣判的一个案子——某网 B 诉某网 A 侵害作品信息网络传播权纠纷案。某网 A 在没有得到某网 B 许可的情况下，在某网 A 上发布了某网 B 的 39 篇文章。某网 A 也是利用"通知－删除"的避风港原则进行辩护，但法院并未采纳。法院的理由是，某网 A 并没有证明这 39 篇文章是由真实的某网 A 用户上传到某网 A 的。

若想应用"通知－删除"条款保护互联网平台的权益，那么互联网企业必须保留好生产提供内容的真实用户信息。这些真实的用户信息对互联网平台还有另外的价值，就是可以应用在风控策略模型中。

1.3.4 民法典

2021 年开始施行的民法典是目前国内条款最多的一部法律，共 1260 条，是新中国第一部以法典命名的法律。这部法律囊括了普通人生活的方方面面，被称为"社会生活的百科全书"。

与本书数字内容服务最有密切关系的是民法典对"个人隐私"和"个人信息"进行了严格区分。下面用一个例子说明这两者的区别。

比如很多读者会使用微信读书这款软件，它会自动关注微信好友，你的微信好友可以看你的读书信息。这是不是构成对个人隐私的侵害？

【案例 1-17：微信读书事件】2020 年，读者黄某就因此起诉腾讯侵害其个人隐私。北京互联网法院根据《中华人民共和国民法典》人格权编中"隐私权和个人信息保护"认为，微信好友列表属于个人信息，不是涉及人格尊严的个人隐私。微信读书获取微信好友关系不违反合法、正当、必要的基本原则，用户如不同意收集其个人信息，可以"用脚投票"，不构成对个人信息权益的侵害。

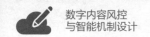
《中华人民共和国民法典》的这一区分，对网络上数字内容的推荐、发布等应用明确了使用界限，对实践中互联网企业使用用户信息和关联企业之间的数据利用等有重要指引，为处理用户个人信息清晰了规则和边界，兼顾了个人尊严的保护和数字经济的发展。

1.3.5　广告法及互联网广告管理暂行办法

国内的《中华人民共和国广告法》最早是 1994 年发布的，最新一次修订时间是 2021 年 4 月。《互联网广告管理暂行办法》是原来国家工商行政管理总局根据《中华人民共和国广告法》制定的部门规章，2016 年 9 月 1 日起施行。

这两部法规是目前互联网企业从事商业广告主要依赖的行动准则。由于广告收入在互联网企业总收入中有极其重要的份额，这两部法规对互联网企业有重要的意义。前文提到，互联网广告正是本书关注的一类重要的数字内容，案例 1-11 就是违反《中华人民共和国广告法》被监管处罚的一个案例。

这两部法规对互联网企业比较重要的一点是，对广告发布者和互联网信息服务提供者进行了区分。互联网信息服务提供者本身不参与广告所有经营环节，只是为他人发布广告提供信息传输场所或者平台。

比如商家在淘宝上开店铺，在店铺页面各种吹嘘自己，只要淘宝没有对其进行热推、排序提权、编辑等措施，那么淘宝此时就是互联网信息服务提供者，而不是广告发布者。如果淘宝对这个店铺进行了推荐，那么淘定的角色就变成了广告发布者。再如搜索引擎对自然结果就是互联网信息提供者，但对商业推广结果就是广告发布者。

之所以要区分这两者，是因为法规对这两者的要求是不同的。互联网信息服务提供者的义务远低于广告发布者。

第2章

风险知识体系

02

如果把内容风险治理比作一场战争，那么打赢这场战争的起点是摸清敌情，即搞清楚平台上的内容有哪些风险，风险出现的概率有多大，风险对社会及平台的危害分别有多严重，等等。这些就是本章题目中所谓的风险知识。

第1章提到，内容风险与互联网的产品业务形态有紧密关系。贴吧、微博和小红书的产品形态与运营思路有别，养成了不同的用户生态，从而产生的内容风险生态也大有差别。贴吧内容风险重灾区是涉黄涉赌引流，微博上则是水军造谣风气盛行，小红书的软文营销污染的是小红书整体的调性。所以，每个平台需要建立一套适合自身业务特点的风险知识体系，才能有的放矢地进行风险识别和风险处置。

一个完善的风险知识体系要能告诉我们：

（1）内容所属业务线的基本产品逻辑、运营和销售方式。

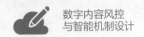

（2）内容风险的种类、数量和严重程度。

（3）平台每条业务线的风险治理方案和治理效果。

（4）风险知识体系的更新迭代机制。

以上这些内容安排在 2.1 节。风险知识是一个抽象的概念，在内容风险治理的不同环节表现为不同的形式，比如风险政策、风险准则、风险标签以及风险话术等。这就是风险知识的多面性，2.2 节和 2.3 节将介绍这方面的内容。显然，平台是这些风险知识的集大成者和应用方。政府监管、用户和内容创作者都只了解一些零散的知识。这是平台的隐患，这种风险知识的不对称很难让平台取得社会的信任。2.4 节将讨论风险知识的透明度，解决平台的这个困境。

2.1 风险知识

什么是风险知识？它是伴随着风险治理过程，在风险治理系统内形成的与平台内容风险治理有关的一系列结构化的概念及其逻辑关系的集合。

根据图 1.4，内容的风险敞口来自行政监管、司法诉讼和舆情商誉等社会力量对平台的作用力。因此，风险治理过程的起点就是足够丰富和准确的与监管、法律和舆情有关的社会知识，这是构成风险知识体系的第一个主要部分。

但是，并不是所有的社会知识都要转化成内容风险治理的行动，如同不是所有的课本知识都会出现在高考试卷上。那些形成平台内容风险治理行动的事件，我们称为风险治理事件。在治理过程中形成的必要知识称为治理知识。

这些治理知识通过新的风险治理方案改变当前的风险治理状态。而当前的风险治理状态包括内容所属业务线的知识、风险治理的配置组合，以及风险集合，这统称为状态知识。

三类知识一起构成风险知识体系，它们与风险治理过程的关系如图 2.1 所示。

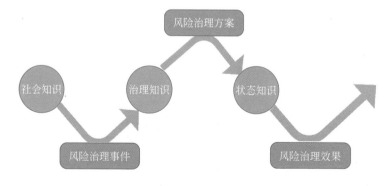

图 2.1　风险知识体系与风险治理过程的关系

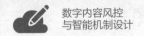

接下来分三小节跟读者讨论风险知识体系的这三部分内容：社会知识、治理知识和状态知识。

2.1.1　社会知识与风险治理事件

如前分析，社会知识包括法律法规、监管政策、友商动态和舆情风向（见图2.2）等几方面。

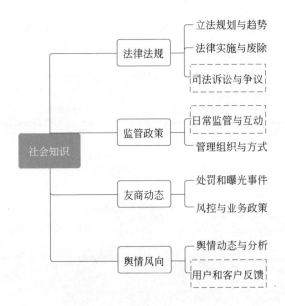

图 2.2　风险知识体系之社会知识

图2.2中，虚线框之外的部分属于调研分析工作，平台应重视并成立专业分析团队为之贡献。分析这些社会知识的目标很明确，那就是促进这些社会知识转化成平台内部的风险治理事件。比如，

对电子烟法律的分析和研判工作，推进平台内部形成"电子烟内容治理"的行动。这些行动包括对电子烟相关内容进行分析与评估，分类形成风险内容处理方案，以及智能识别开发计划等。

图 2.2 中，虚线框里的三部分：司法诉讼与争议、日常监管与互动、用户和客户反馈，本身自然就会形成平台内部的行动和反馈。

比如，2019 年新西兰基督城枪杀直播事件发生后，Facebook 提高了使用直播的门槛。凡是违反平台社区规范的用户，都将被禁止使用直播服务。这不仅限于在 Facebook Live 上的内容，也包括网站上发布的其他内容。比方说，如果一名用户在其主页发布了一个有害链接——如链接到恐怖分子的网站，那么他就将被禁止使用直播服务。

再如 2018 年，从国外传入一批国内称为"儿童邪典"的视频。这些视频使用了经典动漫中儿童喜欢的动漫形象，却将其改编成暴力、不雅、破坏活动为主题的内容。这些视频在疯狂吸引流量的同时，却在毒害儿童的身心发育和正确价值观的形成。于是，在互联网信息办公室的要求下，国内各大互联网平台限期查找并删除儿童邪典视频，如发现有遗漏，则将受到重罚。

鉴于内容风险治理很大程度上由风险事件或对风险事件可能发生的担忧而驱动建设的，风险知识体系的社会知识部分应以"风险

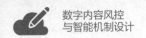
治理事件"为核心关联元素，即"风险治理事件"向上关联诉讼事件、日常监管、用户反馈以及调研分析结论，向下关联具体的风险治理方案。具体来讲，比如过滤词表中应加一个字段，说明该过滤词的添加来源于哪个风险治理事件。这不仅是增加一个字段，而是将运营与产品在系统层级连接起来的纽带。

这样做的好处是：

（1）回溯和复盘某个风险治理事件将变得容易，为以后类似治理事件打样或作为迭代的基础，也有利于跟监管和社会民众进行互动。

（2）当某一风险治理事件的前提失效后，恢复原来的策略状态变得容易。比如《中华人民共和国广告法》对在虚假广告中作推荐的知名人士，处罚是三年内不得再做广告代言人。这就意味着，三年后各平台可以合理释放相应的广告。风险治理事件的方案将使这样的恢复变得相对简单。

（3）当下线或升级系统中的某些功能时，可以快速复查同一个风险治理事件关联的其他策略和功能，减少"升级一个功能，带来两个 Bug"的出现概率。

风险治理事件是社会知识转化成风险治理行动的第一步，但这是关键的一步。3.4 节将风险治理事件这一概念落在"事件管理"

的整体解决方案上，实现风险的有效识别和管理。

2.1.2　治理知识与风险治理方案

如果确定了"风险治理事件"，那就需要根据目标，为其量身定做风险治理方案。风险治理方案不单指一个系统开发方案，包括运营方案，甚至业务线的产品运营方案（比如流量分发方式的改变）在内。

比如，如果平台的某个 VIP 客户被某策略（假定策略 ID：CL001）命中而下线，经客户投诉形成一个"风险治理事件"（假定事件 ID：SJ888）。平台对此开出的药方是：加入策略 CL001 的白名单（假定方案 ID：FA007）。

白名单在内容风险治理中是一个常见的运营手段，也是一种容易产生"坑"的运营机制。就拿这个例子来讲，一个完整的风险运营方案需要决策下面的问题。

（1）实施风险。这个 VIP 客户被命中的风险内容需要处理吗？是要求其改正后再上线，还是因为其是 VIP 所以由平台承担这个风险？

（2）生命周期。如果未来这个 VIP 客户不满足 VIP 的条件了，这个 VIP 客户是否要从这个白名单里退出？这个自动化的机制是否

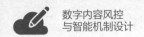

需要？如果要退出白名单，那么是否提前通知客户和相应运营？系统如何通知？

（3）升级规则。如果策略 CL001 进行了升级，不仅能命中原来的风险 A，也能命中与风险 A 关联的风险 B，那么这个 VIP 客户还继续豁免这个策略，待在白名单里吗？如果继续待在白名单里，那么当命中风险 B 时，处理方式与 A 一样吗？

（4）效果评估。如何评估实施方案 FA007 之后的效果？

这是一个完整的风险治理方案所要考虑的四个方面。同时，风险治理方案也不仅限于"白名单"这么一个简单的机制。一般地，一个风险治理方案是所有治理对象、机器识别、人工审核、应急方案和善后方案等一系列综合手段的组合，如图 2.3 所示。

治理知识就是记录针对每个"风险治理事件"对应的实际"风险治理方案"。

1. 接入

需要确定业务线上的哪些具体内容治理对象送到风险治理系统进行风险防控。比如，每个短视频可以拆解成这样的内容治理对象：作者、标题、封面、弹幕和主视频等。风险治理方案根据业务线具体情况，配置需要进行风险治理的对象。

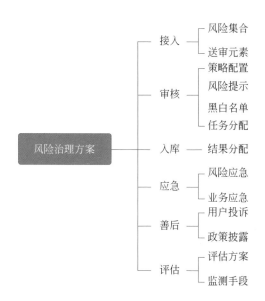

图 2.3　完整的风险治理方案

2. 审核

审核是风险治理方案的核心环节，包括机器识别和人工审核。策略配置是为治理对象选择通过哪些机器识别的模块，包括过滤关键词包、模型策略以及人机交互策略。风险提示指人工审核的内容需要带上机器审核后的哪些信息，比如机器识别出来但又置信度不高的内容高亮。黑白名单顾名思义，是指哪些内容或作者可以免审，哪些内容或作者必须拦截。任务分配是将治理对象看成一个任务流，根据业务需要配置任务流的参数，比如任务的排序方式（按到达时间，按风险重要性或按业务线的重要性等）和在审核员之间的分配方式等。4.3 节将对任务分配进行详细讨论。

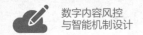
3. 入库

入库是完成常规风险治理的最后一步。经过前面的机器过滤识别、人工审核等，处理那些被识别出有风险的内容，如打标签、拒绝或结合内容分发策略进行处置（比如内容仅自见等）。

4. 应急

应急方案解决的是上述常规流程之外的突发情况。比如第 1 章提到的景甜广告违法，需要紧急把所有景甜代言的广告全部下线，这需要配置一条非常规的通路解决。这是风险的应急。再如某条业务线在"双十一"前有大量内容涌入，如果按常规风险治理进行，明显过了"双十一"也不能完成，但配置新的通路却可以解决问题。这是业务应急。

5. 善后

善后方案是指用户投诉的处理配置（误杀的和未召回的如何补救）以及对外披露的政策（比如如何跟用户解释他发布的内容被错误命中过滤词）。

6. 评估

评估即对该风险治理方案的风险治理效果进行监测、评判和分析。这与下面讨论的内容正好衔接。

从上述可以看到，风险治理状态与业务线的运营状态紧密联系。因此，从组织结构上讲，平台的风控部门与业务线所属的业务

部门不能太割裂,否则风险治理的效果会大受限制。关于这个话题,
第 6 章将专门进行讨论。

2.1.3 状态知识与风险治理效果

状态知识是指平台用于内容风险治理的一些基本概念和配置,
体现内容风险治理的一个基本状态,包括业务线知识、风险治理方
案和风险集合,如图 2.4 所示。

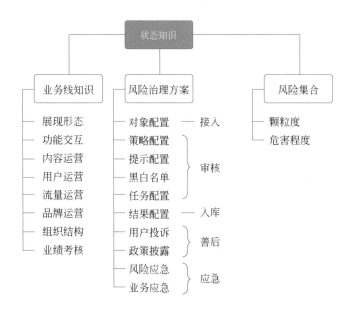

图 2.4 风险知识体系之状态知识结构

其中风险治理方案与 2.1.2 节提到的是一个意思。只不过
2.1.2 节说的是风险治理方案的优化,是增量;本节是指每条业务

线风险治理方案的现状，是存量状态。因此，本节针对业务线知识和风险集合进行讨论。

1. 业务线知识

本书强调过多次了，内容风险治理是内容所属业务线的自然延伸，因此，本书始终将内容风险治理放到整个业务线的大范畴里考虑。业务线知识包含产品、运营和销售等。

产品的展现形态和功能交互，基本上也决定了风险内容的形态和交互。图文浏览为主的产品以标题党、营销软文为主要风险内容，社区社交类型的产品则会渗透着低俗色情、杀猪盘等风险内容。

产品的展现形态和功能交互一定程度上也决定了机器识别能参与的程度。图文类内容机器识别准召率较高，大多数情况可以依赖机器识别做出判断。而音视频相对复杂，机器识别漏过的概率高。

产品的运营分成内容运营、用户运营、流量运营和品牌运营等，内容风险治理本质上也可以归到内容运营里。无论是 B 端作者的内容运营，还是 C 端的内容分发，都与内容的风险治理息息相关。作者运营的目的是激发作者创作出更多、更好的内容，但要以低风险或无风险为约束；否则，高产出内容必然伴随着风险的增加。内容分发策略以及用户运营、流量运营，可以作为对风险内容或作者相应的惩罚手段。品牌运营则与侵权的风险有关。

互联网的产品销售多数情况是广告销售，而广告本身就是内容的一种。从某种意义上讲，内容风险治理是站在销售对立面的一种行为。双方之间的博弈可以用图 2.5 简洁描述。

风控部门有两个决策：

α = 严格审核销售引入的广告内容。

β = 不严格审核销售引入的广告内容。

销售部门也有两个决策：

A = 引入有风险的客户。

B = 不引入有风险的客户。

这个博弈形式如图 2.5 所示。

		销售部门	
		A	B
风控部门	α	(−1,0)	(−1,0)
	β	(−3,2)	(0,0)

图 2.5 平台内部风控和销售部门的博弈形式（销售违规不惩罚）

销售引入无风险客户没有额外收益，而引入有风险客户，如果风控审核不严，则能获得额外收益，值为 2；如果风控审核很严，则发现销售引入了有风险客户，也不会对销售进行惩罚。

风控部门严格审核需要投入资源，因此收益是 -1；而当风控部门不严格审核时，遇有风险的客户漏过，那么风控部门会受到上级的处罚，比如处罚是 -3。

很明显，这个博弈销售部门有严格占优策略，即选择策略 A。因此，风控部门选择策略 α 则是合理的。因此，我们就知道为什么风控部门尤其是商业内容风控部门与销售部门常常在内部会议上争得面红耳赤，这是他们唯一的均衡点。

如果销售发现引入有风险客户后会被严惩，比方说 -2，那么这个博弈的收益矩阵变为图 2.6。

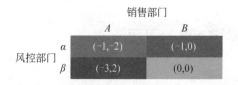

图 2.6　平台内部风控和销售部门的博弈形式（销售违规严惩）

这个博弈没有纯策略均衡点。与 8.4.1 节的监督博弈类似，可以计算出其混合策略均衡，即销售部门以 1/3 的概率引入有风险客户，而风控部门以 1/2 的概率严格执行公司政策。

讨论这么多销售与风控的博弈是为了说明，销售对内容风险，尤其是商业内容风险有巨大的影响。销售知识在风险知识体系中是不可或缺的一部分。

2. 风险集合

平台根据自身业务和经验总结的风险集合。它包括每个风险的定义、精细化的分类，以及按危害程度的分级。这样说比较抽象，可以举一个例子，表 2.1 就是新浪微博社区管理规定中呈现的风险集合。

表2.1　新浪微博社区管理规定中呈现的风险集合

风 险 大 类	风 险 细 类
危害信息	敏感信息
	垃圾广告
	淫秽色情信息
不实信息	不实信息
用户纠纷违规	泄露他人隐私
	人身攻击
	冒充他人
	内容抄袭
	骚扰他人
	认证用户身份虚假

再如，Facebook 将不良内容分成四类：仇恨言论、暴力血腥内容、成人裸露和性行为、色情引诱。关于仇恨言论，Facebook 的定义是：

"针对他人受保护的特征，而非观念或习俗发起的直接言论攻击，这些特征包括民族、种族、原国籍、残疾、宗教信仰、种姓、性取向、性别、性别认同以及严重疾病。我们对攻击的定义为：激烈的言辞或非人化言论，伤害他人的成见，贬低他人的言语，轻蔑、厌恶或蔑视他人的表情，以及号召排挤或孤立他人的行为。"

Facebook 仇恨言论分类见表 2.2。

表2.2　Facebook仇恨言论分类

风 险 大 类	风 险 细 类
仇恨言论	表达暴力言论或者支持暴力
	用非人化事物描述表达（比如：你是一头猪）
	贬低他人的身体、精神和道德缺陷（比如：智障或愚昧）
	贬低他人能力的不足（比如：无能）
	含轻蔑、厌恶之意（比如：呕吐）
	否定性措辞（比如：我不会尊重同性恋）
	用生殖器或性有关的词汇咒骂（比如：操）
	……

可以看出，这些分类完全是根据当地文化习惯、社会基因以及用户生态构建的，别的平台不一定能照搬。

一般来讲，风险集合内的所有风险是数字内容风险治理的基础，所列的风险是接下来风险识别和风险处理的对象。风险集合通常是业务经验的知识沉淀，同样也会随着业务的发展而增加或删除其中的风险元素。

风险集合中的元素个数以及层级数量也不是越多越精细化越好。因为数量过多，会超过人的记忆与认知能力，对审核员的要求和门槛大大提高，使风控业务的成本上升，甚至无法落地。换句话说，需要人审核识别的风险集合不宜层级过多，每层的风险元素数量也不宜超 10 个。除非能将所有风险元素都纳入机器识别的范畴里，让机器完全替代人去审核。

风险集合里的风险元素无限细化后，就成为风险准则，2.2 节将展开讨论。

3. 风险治理方案

对每条业务线当前风险治理的效果，可以用质量和效率两方面评价。具体指标则需要各平台根据业务线的特征来建立，这里只给出一些通用的思路和模式。

关于风险治理效果质量的衡量，最基本的一个指标是线上风险内容展现暴露的占比，简称为风险暴露率。图 2.7 表示了风险治理全流程对风险暴露的影响。

平台的风险治理工作从内容生产开始，依次经过风控审核、触发展现和风险暴露。前两个环节是事前治理，而风险暴露后，演化成风险事件前是事后治理阶段。

$A_i, i = 1, 2, 3, 4, 5$ 依次是每个阶段的内容总量，含风险有害

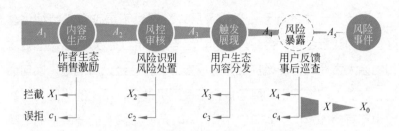

图 2.7　风险治理全流程对风险暴露的影响

内容。

X_i, i =1, 2, 3, 4 依次是每个阶段拦截下来的疑似风险有害的内容数量，其中无风险但被误拒的是 c_i, i =1, 2, 3, 4。

最终有数量为 X 的有害风险内容被展现出来，但这个 X 谁也不知道是多少。这些风险有害内容的传播对整个社会造成了危害，但是对平台来讲，它们未必会酿成风险事件。所谓风险事件，是指因为内容展现传播，给平台方带来负面影响或成本损失，比如引发诉讼、舆情发酵、被监管通报或惩罚等。酿成风险事件的风险内容数量肯定是极少的，图 2.7 中用 X_0 表示。

回到风险治理效果衡量的指标——风险暴露率，该怎么计算呢？不同的利益视角有不同的计算方法。

从社会整体利益来讲，X 是给社会造成危害的内容量，通常称为**社会风险暴露率**，计算公式为

$$r_1 = \frac{X}{A_4} \qquad (2\text{-}1)$$

从平台利益看，虽然 X 是有害内容的传播量，但它并不会都对平台产生负面影响，所以 X_0 才是最终有风险的内容数。这样计算出来的风险暴露率，称为**平台风险暴露率**，计算公式为

$$r_2 = \frac{X_0}{A_4} \qquad (2\text{-}2)$$

在平台内部，风控审核被认为是从事风险治理工作的负责部门。因此，从风控审核的角度看，风险暴露率又有不同的计算方法：

$$r_3 = \frac{x + (x_3 - c_3) + (x_4 - c_4)}{A_3} \qquad (2\text{-}3)$$

称为**审核风险暴露率**。

当然，无论是社会，还是平台和部门，都不是只有风险暴露率这样一个单极目标，风险暴露率也是在多种利益博弈下产生的平衡。这部分内容将在第 7 章详细讨论。

关于风险治理效果衡量的效率指标，可以从两方面衡量：一个是投入产出效率；另一个是时间效率。投入产出效率本质上是质量、成本之间的平衡，第 7 章的风险博弈分析中将有所涉及。

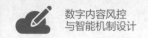
时间效率是风控审核部门关心的指标。一般地，我们会考察从内容生产完成提交至风控审核部门开始，到审核完成对内容给出拒绝或通过的判断入库为止的时间间隔。因为机器识别的时间通常以分钟计，在作者或客户体验上并不影响，因此这部分时间间隔主要指人工审核的时间间隔。这就与任务分配有密切关系了。第 4 章将会详细讨论这个主题。

4. 审核员的质量

从实用性上讲，各种指标构成的评估体系最核心的是要满足可比性的条件。评估体系中每个指标都能跟过去的时间相比，也能跟其他类似业务线相比。没有可比性就只能自嗨了。可比性是一个很深奥的话题，也很玄学。同样一份数据不用造假，可以做出增长的结论，也可以做出下降的判断。根源在于，做数据分析的同学对数据统计分析的敬畏程度有多高。这里拿打桩测试数据说明。

为了评估审核员的审核质量，互联网平台常使用打桩测试，即把已有结论的内容送给审核员进行审核，根据审核结果的对错判断审核员的审核质量变化。比方说，每个月给审核员打桩数量是一万个，表 2.3 是最近两个月出现的错误数。

表2.3 一万个打桩测试中出现错误数（模拟）

	本　　月	上　　月	变　化　率
A 业务线	69	91	−31.9%
B 业务线	64	84	−31.3%

据此就得到结论：A、B 两条业务线上的审核员在最近两个月的审核质量都有了基本上一样的进步。这个结论对吗？

假定这些打桩的内容只有两类风险问题：色情低俗和虚假欺骗。我们分别看一下在这两类风险问题上 A、B 两条业务线上的审核员的审核质量如何，见表 2.4 和表 2.5。

表2.4　一万个打桩测试中出现错误数（色情低俗类）

	本　　月	上　　月	变　　化
A 业务线	17	33	-48.5%
B 业务线	6	19	-131.6%

表2.5　一万个打桩测试中出现错误数（虚假欺骗类）

	本　　月	上　　月	变　　化
A 业务线	52	58	-10.3%
B 业务线	58	65	-10.8%

由表 2.4 和表 2.5 可知，在虚假欺骗上，A 和 B 业务线上审核员的审核质量有几乎同样的进步，而在色情低俗上，A 业务线上审核员的审核质量进步明显弱于 B 业务线上审核员的审核质量进步。这与从表 2.3 得出的整体结论是矛盾的。

问题的根源是数据在每类风险上分布不平衡。尤其是对内容风险治理来讲，有风险的内容在互联网平台的海量数据中是很稀疏的，更容易出现这种数据分布不平衡的现象。解决这个问题的统计理论方法是荟萃分析（Meta Analysis），读者可以从其他统计类读物中学习，本书不在这里详述。

关于审核员的质量，平台通常会以持续的培训进行提升。关于培训对审核员质量提升的效果衡量，将在 4.1.2 节进行讨论。

综上所述，内容风险治理以来自社会知识中的风险治理事件为核心，以事件驱动的追因和干预行为为过程形成风险治理方案。在这一过程中，无序的社会知识转变成动态的治理知识，动态的治理知识转变为静态的风险治理状态知识，最终由风险治理效果体现优劣。打个比方，如果说状态知识像某一时点的资产负债表，而治理知识则是现金流量表，社会知识则更像大众给企业的印象分值。

2.2 风险知识的多面性

2.1 节讨论了风险知识体系的概念，这是一个底层框架思维，决定了内容风险治理的总思路。有了风险知识体系的贯通，对平台内部而言，产品和运营之间有了沟通的纽带，缩小了两个岗位职能的分歧；对平台外部而言，则构建了平台与社会互动的载体，提升了平台风险治理在监管和社会公众层面的印象分值。

不过，在实际风险治理工作中，不同的应用场景风险知识体系有不同的表现形式。如图 2.8 所示，躲在业务底层的风险知识体系在运营上表现为风险准则、风险标签、风险话术和风险政策。

图 2.8　风险知识体系在内容风险治理工作中的表现形式和应用场景

　　风险准则是在审核场景下，审核员或机器进行风险识别的依据，此时风险知识体系就是风险识别的对象。风险标签是用标签体系结构化了的风险识别准则。

　　风险话术和风险政策是风险知识体系的自然语言表达形式。风险话术是与单个客户或用户的交互语言，而风险政策是面向不特定群体或全社会公开的风险知识和平台对风险的态度表达载体。

　　诸如 CRM、渠道售卖、教育等业务，要想低成本、可复制以及最终在市场上胜出，标准化是必要条件。数字内容的风险治理也一样，有了业务的标准化，才能在业务流转中实现信息结构化，从而产品化、系统化和智能化才可能实现最大的价值空间。

　　标准化是实现数字内容风险治理的智能化基础。风险准则和风险标签是为实现风险审核和风险处置的标准化，而风险话术和风险

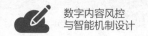
政策是为了实现与社会互动过程中的标准化。

2.2.1　从风险集合到风险准则

2.1.3节提到风险集合的概念，风险集合是平台根据业务实际总结出的所有内容风险的集合。这个集合中的每个元素称为风险元素，每个风险元素都需要精准定义才能应用。

同样的语言，在不同国家会有不同的理解。比如"把这些愚蠢的难民赶回家去，我恨他们所有人！"这样一句话在美国不会被认为是仇恨语言，而在德国则会被警察逮捕。

即使是生活在同样国家和文化中的人，也会对相同的内容有不同的理解。比如，"泄露他人隐私"这个风险元素，每个人都有一些不同的理解。一些人认为手机号码是隐私，另一些人则不这样认为。在我们普通人的生活中允许有这种争议。但是，在内容风险治理中，平台必须给内容的提供者一个明确的和前后一致的信号。暴露别人的手机号码到底算不算风险内容，在什么情况下是风险内容，在什么情况下可以不算。这需要一些规范和解释界定。这就是风险准则。

以"泄露他人隐私"这一风险元素为例，我们选取一些著名互联网平台的规定看看。

Facebook 是这样定义隐私的:

"分享、提供或索取个人身份识别信息或其他隐私信息,因而可能引发人身伤害或财务损失的内容会被我们移除,这包括财务、居住和医疗信息,以及从非法来源获得的隐私信息。我们也知道,新闻报道、法庭文件、通讯稿或其他信息源可能会公开用户的隐私信息。若发生这种情况,我们可能会允许发布此类信息。"

这个隐私的定义非常明确地指出,所谓隐私信息,必须有可能引发用户的不利后果,比如人身伤害或财务损失。而且,只要是公开报道中能获得的信息就不算是隐私信息。

具体地,Facebook 把个人隐私的内容拆解为详细说明,见表 2.6。

表2.6 Facebook关于个人隐私的内容风险准则

风险大类	风险细类	风 险 准 则
个人身份识别信息	个人身份信息	通过政府签发的用于识别个人身份的号码; ①国民身份识别号码,例如社会安全号码(SSN)、护照号码、国家社会保险号/卫生服务号码、个人公共服务(PPS)号码、个人纳税识别号(TIN); ②执法、军事或治安人员的政府签发身份证件的号码

续表

风险大类	风险细类	风险准则
个人身份识别信息	个人信息	因注明了身份证件号码或登记信息和个人姓名，能直接识别个人的信息： ①民事登记信息的档案或官方文件（如结婚、出生、死亡、更名或性别认可等信息）； ②移民和工作状态文件（如绿卡、工作许可证、签证或移民文件等）； ③驾照或车牌，但为了帮助寻找失踪人员或动物而分享车牌的情况除外； ④信用隐私号码 (CPN)
	网络身份信息	用于验证网络身份访问权限的信息： ①邮箱及其密码； ②网络身份信息及其密码； ③用于访问隐私信息的密码、支付密码或代码
	个人联系信息	如下个人联系信息，但为了推广慈善事业、寻找失踪人员/动物/物品或联系商业服务提供商而分享或索取此类信息的情况除外： ①手机号； ②家庭地址； ③邮箱
财务信息	个人财务信息	您或他人的个人财务信息，包括： ①未公开的财务记录或报表； ②银行账号及其安全码或 PIN 码； ③数字支付方式信息及其登录信息、安全码或 PIN 码； ④信用卡或借记卡信息及其有效日期、安全码或 PIN 码

续表

风险大类	风险细类	风险准则
财务信息	公司财务信息	公司或组织的相关财务信息（除非本来就由公司或组织自己所分享），包括： ①财务记录或报表，但公司的财务记录已公开的情况除外（例如，已由证券交易所或监管部门公布等）； ②银行账号及其相应的安全码或 PIN 码； ③数字支付方式信息及其相应的登录信息、安全码或 PIN 码
居住信息	私宅照片	拍摄了私人住宅外观并且符合下列所有条件的图片： ①住宅为独栋住房，或从图像/文字说明中可识别住户的门牌号； ②能够识别城市/社区或 GPS 大头针位置（如 Google 地图中的大头针位置）； ③内容中指明了住户身份； ④住户反对暴露其私人住宅，或有人在组织针对住户的抗议活动（不包括提供住宿的大使馆）
医疗信息	医疗信息	显示他人的医疗、精神、生物特征或基因遗传信息的记录或官方文件
窃取的信息	窃取的信息	声称或确定为窃取的内容（无论被盗者是公众人物，还是普通个人），极少数有新闻价值的情况除外
其他	其他	描绘下列人士的被举报照片或视频： ①未满 13 岁的未成年人，且此未成年人或者其父母或法定监护人举报了对应内容； ② 13~18 岁的未成年人，且此未成年人举报了对应内容； ③成年人，且该人士从美国境外举报了对应内容，而适用法律规定了其有权要求移除相关内容； ④无行为能力且无法亲自举报相关内容的任何人

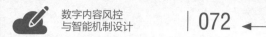
为对中美互联网有所比较，我们也列出微博社区关于个人隐私的风险准则（见表 2.7）。

表2.7　微博社区关于个人隐私的风险准则

风 险 大 类	风 险 细 类	风 险 准 则
用户纠纷违规	泄露他人隐私	凡是公开他人如下信息的都称为"泄露他人隐私"，除非他人已自己公开或授权公开，或者涉及公共利益必须公开的（比如防疫的特殊情况下）： ①身份信息，他人真实姓名及相应的身份证号、电话号码、家庭住址； ②性取向； ③生理及心理缺陷； ④财产状况； ⑤私人使用的各种账号和密码； ⑥IP地址； ⑦浏览网页的踪迹和活动； ⑧私生活镜头； ⑨私人社交关系

那么，紧接着一个问题就是：什么是"好"的风险准则呢？

其实，本小节开头第一段已经给出了答案，那就是好的标准应该是无歧义的。在这里，我再多说几句。

很多女生爱喝奶茶，在点奶茶时有个选项：是否去冰。那么我们是如何理解"奶茶去冰"的含义呢？经常点奶茶的女生可能是这样理解的：

"在奶茶的标准制作流程中，跳过所有加冰块的环节。"

但是，奶茶店的员工却有另一番理解：

"在奶茶的标准制作流程结束后，增加一个取出冰块的动作。"

一个大家习以为常的"奶茶去冰"的表述就有了歧义。遑论那些风险元素里抽象的表达。大家的一个共识是，风险元素的分类越来越精细化，得到的风险准则会越来越无歧义。

完美的无歧义几乎是不存在的，在实践中大多通过用户反馈的方式给予判断解决。事实上，风险准则是对日积月累的各种具体案例的积淀和总结的结果。有些风险准则本身就是具体的一系列案例集合，尤其是以图片形式呈现的内容。

【案例 2-1：《世界的起源》名画被删】 2011 年，一名法国教师在某知名社交平台上发布现实主义画派创始人古斯塔夫·库尔贝（Gustave Courbet）的名画《世界的起源》（L'Origine du monde），因画面不可描述而遭某知名社交平台删除账号。于是，该教师提起诉讼。该官司缠讼八年之久，最终于 2019 年，双方以向艺术组织捐出赔偿金的形式达成和解。

《世界的起源》在裸露人体器官上太过越界，我这里也无法展示给读者。

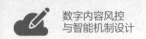
确实,是艺术还是色情,在面向全体人类的互联网产品上展示是难以把握这个尺度的。为保险起见,平台倾向于严格防范,因为毕竟一旦放开了口子,一些真的色情低俗内容也会趁机进来。这与打开窗户放进新鲜空气的同时也会飞进来苍蝇一样。而且,大多数审核员可能并不认识这些名画,为了减少出错,他们宁可拒绝,也不放行这些内容。

在国内好几家互联网平台,这些内容的风险准则其实就是一个裸体绘画顶流名家作品集,这里面一部分是平台认为可以放行的,而另一部分则是严格禁止的。

总结一下本小节的主要观点。好的风险准则要求无歧义,好的风险准则也需要在实践中不断更新,以纳入新出现的风险案例,剔除过时的标准。

2.2.2　商业广告的风险准则

商业广告作为一种数字内容当然也适用上面的讨论。不过,作为数字内容的商业广告有明确的发布主体(通常是有着盈利目标的企业)和利益动机聚焦的特点。所以,商业广告的风险准则逐渐形成了整个社会的规范和法律,这就是 1.3.5 节介绍的广告法、互联网广告管理暂行办法,以及特殊行业的一些广告发布规定。

互联网企业需要把这些法规拆解成内部的执行标准。

举个例子，比如《中华人民共和国广告法》第九条规定：

"广告不得有下列情形：……（三）使用'国家级''最高级''最佳'等用语。"

虽然广告法仅出现三个极限用语，但不意味着其他绝对化用语就可以使用。这一款规定最后的"等"字几乎代表了小半本成语小词典（见图 2.9）。广告法对此的处罚又颇为严厉。按照广告法规定，如违反，广告主将被处 20 万元以上 100 万元以下的罚款。所以，多数互联网企业将后面这个"等"字细化成一个详细的"极限用语表"作为风险准则使用。

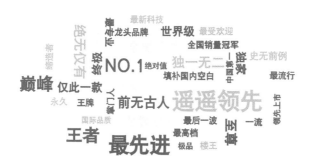

图 2.9　广告部分极限用语

当然，并不是所有的极限用语都是违法的，以下几类极限用语在实践中是不被认为违反广告法第九条的。

（1）不违背真实性原则。比如，"在世界最高山峰下生长的

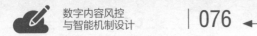
燕麦"。

（2）表达经营理念。比如，"我公司顾客第一，信誉至上，争当诚信领头羊"。

（3）不代表商品或服务最好。比如，"我公司是医药行业第一家上市公司"。

在大学期间学习广告学或传播学的读者应该知道，为了使广告传播带一定情感以拉近与受众的距离，广告内容通常使用一些修辞手法。夸张、类比、比喻和谐音是常见的修辞方法。比如下面这些广告文案，你觉得是否符合广告法：

"如果浴室一成不变，年轻人的灵感将会枯竭。"——天猫家装节（夸张）

"职业女性，扛得住压力，也配得起呼吸自由。"——某内衣（类比）

"世界再大，大不过你我之间。"——微信（比喻）

"YES! 爱杜！"——杜蕾斯（谐音）

这些修辞手法使广告的表现形式更吸睛，引发受众的思考和传播。虽然，奥美集团创始人大卫·奥格威曾说过，*表现形式特别吸引人的广告会让受众忽略广告真正想销售的东西*。把这句话换成互联网语境下的表达，即点击率高的广告转化率会下降。但是，点击率高、曝光量多并不是坏事，所以使用修辞手法从广告诞生之日起就从没有下过场。

使用修辞手法给广告风险准则的制定带来一定的困扰，尤其是广告法限制了极限用语和承诺性用语等的使用。比如上面关于内衣的那个广告，内衣与抗压有什么关系吗？从法律咬文嚼字较真的角度，这不是胡扯吗？呼吸自由算是商家对内衣的承诺性结论吗？

实践中这个案例并没有判定为违反广告法或任何其他风险准则。同样是这款内衣，另外一个案例就不一样了。

【案例 2-2：违法内衣广告】 2021 年，某人 A 在某网 B 的自媒体账号上发布一条内容。其中有这样一句话：一个让女性轻松躺赢职场的装备……

这句话让很多受众，尤其是女性受众感受到不尊重和歧视。北京市海淀市场监督管理局对此进行了罚款处理，并在处理通知书上提到：

"女性立足职场，靠的是能力和努力，上述广告将'职场'与'内衣'挂上关系，可以'躺赢职场'，是对女性在职场努力工作的

一种歧视，是对女性的不尊重行为。……违反了《中华人民共和国
广告法》第九条第（七）项规定，构成发布违背社会良好风尚的违
法广告的行为。"

上面这两个例子体现了商业广告风险准则无歧义的一个特点，
夸张、比喻等修辞手法并非不能在广告内容中使用，而是避免这些
修辞引发受众产生与社会主流思潮相对立的联想，也不能让受众
误解。

这些风险准则，对智能化风险治理系统提出了挑战。

2.2.3　人工审核的一致性

上文提到，风险准则是应用在内容风险识别场景下的风险知识
体系呈现形式的一部分。内容风险识别根据方式不同，分成机器识
别和人工审核两种。风险准则的实施即研究风险准则如何更好地应
用在机器识别和人工审核的业务里。在这个实施过程中，我们将面
对两大难题。

1. 难题一：如何保证众多审核员对准则理解和执行一致

在 2.2.2 节，我们已经体会到几乎不存在无歧义的风险准则的
语言描述，中外语言皆是如此。除非像裸体艺术名画那样的固定
案例集，不过这种情况下机器可快速识别处理绝大多数的固定案
例集。

面对着对"无歧义"毫无自信的风险准则，我们又怎么能自信地让审核员理解并执行一致呢？何况，准则的实施过程还面临着审核员"数量众多，多地分布且岗位流动性高"的特点，这里面每一个词都在挑战着审核一致性。

审核员审核的不一致性体现在两方面：一是不同审核员对同样的内容产生不一样的判断，这可能来源于人的成长背景造成理解问题有差异；二是同一个审核员不同时间对同样内容产生冲突的判断，这可能来源于审核员的疲惫和疏忽大意。

在实践中，互联网平台公司总结出多种驱动审核一致性的方法。其中有一种方法叫作"背靠背"审核，如图 2.10 所示。

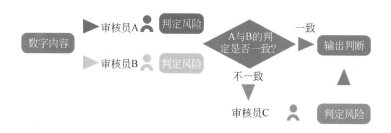

图 2.10 "背靠背"审核

"背靠背"的审核机制将同一篇内容发给两名审核员背靠背审核。如果两人判定结论一致，则按一致的结论输出；若不一致，则发给第三个审核员审核，以第三个审核员的结论为准。这种方法能大大提升审核员审核结果的一致性，但是平台的审核成本会大幅

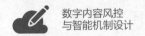
上升。

审核员之间的一致性与审核质量是一个问题的两个方面。所以，提高审核员审核结果一致性的根本办法是提升整体的审核质量。4.1.2 节提出一种智能审核员培训系统。所谓智能，是指自动监控审核员审核质量，并将审核质量与审核任务的资格联系起来。审核质量不达标就停止审核，参加培训学习和考试，达标后再上岗。读者可以直接跳到第 4 章阅读相关内容。

2. 难题二：如何保证人机判断的结果一致

人机判断不一致的主要来源是人和机器进行风险识别的机理不同。人是根据大量生活经验"理解"所看到的内容，他能活学活用风险准则，而机器是根据一定数据集、选择特征和损失函数，并通过一定训练方法加上调参弄出来的函数进行"识别"。理解跟识别完全不一样。机器能识别图片中的女人是裸露的，但机器理解不了裸露的女人表现出来的是艺术美，还是低俗诱惑。

读者一定也注意到了，本书的叫法一直是人工审核和机器识别，从来不提"机器审核"的叫法。审核是一个理解过程，而机器只能识别，目前还不能有意识地理解风险。

当然，机器的好处是性能稳定，审核员则有疲惫和疏忽大意的时刻。

保证人机判断结果一致最有效的办法是，让人审的结果作为新的数据集让机器持续学习和训练。但要实现这个成本也不小。

为了保证人工审核的时效，通常会让审核员在这个环节操作越少越好，让占大多数的无风险内容快速通过，而有风险的内容则选定合理的拒绝理由反馈给业务线。但是，这些判定结果送到机器进行训练的数据集之前，还需要更精细化的标注工作，否则并没有效果。

将标注工作整合到审核流程中，势必影响人工审核的时效性。本书作者也不主张这种做法。我更倾向于使用外包或众包的方法专门标注，供机器学习训练。当然，标注的对象可以从人工审核的结果里选择，这样让人工审核结果与机器识别的判定不断趋于一致。

2.2.4　风险标签

从某种意义上讲，机器识别也存在不一致性。

一种情况是机器识别不能保证百分之百的准召。因此，对某个风险准则而言，机器识别就表现为不一致，有些内容风险能命中召回，而另一些则不能。这个不一致只能通过提升机器识别的准召解决，别无他法。

另一种情况对机器识别更加重要，那就是风险准则的变更造成

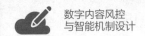
的机器识别结果与业务预期不一致。我们先看风险准则更新的几种主要场景。

（1）互联网公司开发了新的创新业务形态。比如业务线要开通语音房的业务，就需要针对语音房的产品形态和运营方式订立新的风险准则。

（2）来自政府监管的要求，变更原有的风险准则。比如2021年政府主导打击饭圈文化，一些原来的高流量大V娱乐明星因各种事件被定性为劣迹艺人。这一政策传导至互联网平台就需要调整相应的风险准则。

（3）互联网平台发现了新的风险内容。比如2018年以来，中国市场上出现了几部大火的电影后，就开始出现很多骗子以"电影投资"的名义骗钱。他们通过网上的各种文章、视频，甚至广告，吸引普通人投资电影进行分红，最后以各种方式侵吞投资者的本金。为防止普通网民上当受骗，互联网平台增加了"电影投资"相关的内容风险准则。

（4）出于对业务精细化或其他原因考虑，互联网平台放松或收紧标准。比如《中华人民共和国英雄烈士保护法》第22条规定：

"任何组织和个人不得将英雄烈士的姓名、肖像用于或者变相用于商标、商业广告，损害英雄烈士的名誉、荣誉。"

但是，在互联网平台内容风险治理的实践中，我们发现英雄烈士名字出现在某些城市宣传和形象广告中并不违背法律的本意。比如河北省黄骅市，黄骅既是英雄的名字，也是这个城市命名的来源。黄骅市做城市宣传使用英雄烈士名称并不损害英雄烈士的名誉，属于合理使用。所以，风险准则在这种情形下就会做调整，当然这种调整是 2.1 节提到的社会知识输入的结果。

对于新增或迭代风险准则，要想让机器具备自动识别的能力，需要一定周期，需要足够多的相关风险内容作为样本，而风险内容常常是稀少的，样本收集的工作就变成花费时间最长的环节。何况，要训练出一个准召符合上线要求的机器学习模型，需要完成收集样本、人工标注、特征抽取、模型训练、线下评估和上线生效等多个环节，有的环节还要来回反复。这个周期少则一周，多则一月甚至更长。在这个时间里，风险准则的实施意味着增加人工审核的成本。而消化这个成本的渠道，要么等相应模型训练达标上线，要么通过4.1.2 节的学习曲线驱动完成。

对于放松管控的风险准则，理论上直接停掉相应机器识别模型即可。但是，要实现这一点，风险准则与机器识别模型需要一一对应，至少机器识别的颗粒度要足够精细化。否则，停掉相应模型就会影响其他风险准则的实施。

这涉及风险标签的应用。前面说过，风险集合中的元素精细化地分类下去就形成了风险准则，类似地，风险准则再精细化就是风

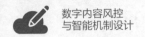
险标签（见图 2.11）。

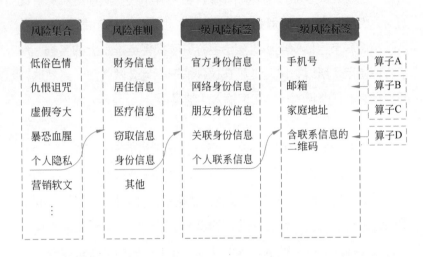

图 2.11　风险集合、风险准则和风险标签与算子示意图

　　目前，绝大多数互联网平台都采用了这一思路，即针对风险标签构建算子，多个标签的组合对应形成风险准则要求的策略。这里需要注意两点：①同一个算子可能会输出多个标签，尽管这样，我们还是建议在可能的情况下，标签越精细化越好，这样在以后处理各种风险时灵活度会更高；②风险标签并未给出是否有风险的判断，需要结合多个标签的组合来判断。比如图 2.11 中，一个数字内容里包含了手机号码，并打"手机号"的标签，这不一定代表这个内容就触碰了个人隐私的风险。还需要结合其他标签或场景判断，比如手机号码出现在该用户个人签名中就不属于风险内容。

　　经过这样处理，模型迭代周期长、训练难的问题在一定程度上得以缓解。而且，风险标签还可以用在风险处置、内容分发、用户提示等多种场景。虽然，从零开始构建风险标签体系障碍较多，但是一旦建成，就非常灵活，对内容风险治理工作大有裨益。

基于风险标签的智能化风险治理系统的设计，在第 3 章将会详细叙述。

2.3 主体的风险准则

前面所说的风险准则仅是围绕数字内容本身进行讨论的，互联网平台通常还有另一类准则，是针对生产数字内容的作者或企业制定的，称为主体准则。

制定主体准则限制某些容易创作或产生风险内容的主体发布内容，规范他们的行为，这是互联网平台的无奈之举。单纯内容风险治理不能覆盖全部风险，最重要的是内容背后的主体存在对抗平台风险治理的行为，这就必须从主体维度解决。

2.3.1 一般的主体准则

识别主体的"好坏"如同招聘面试候选人。一个刚毕业的大学生到一家公司应聘，公司会这样考察"他或她"的基本情况：一是通过核验身份证，表明"他或她"是真实存在的；二是核验"他或她"的学历信息[1]以及其他专业资质获得情况，表明他是一个有一定专业能力的主体；三是核验"他或她"曾经有过的社会奖惩，比如交通违章记录或者见义勇为奖励等，以表明"他或她"的行为特征。

平台的主体准则也是围绕这三方面制定的。

（1）真实主体。通过身份证（个人）或者营业执照（企业）证明主体的真实存在性。现在的通用做法是：对个人要求上传手持身份证的照片，再加上人脸识别；对企业则要求使用电子营业执照[2]或法人人脸识别等。由于别有用心的主体有较强的对抗动机，因此，对于一些高风险领域，平台会加强真实性的验证方式。例如，借用银行的对公账户进行双向验证，委托第三方调查公司进行实地核验和背景调查等。

（2）背书主体。通过主体所获得的各种资质和证书证明主体的专业资格或能力。一般的互联网业务线不要求个人提供这部分背书，但对企业主体平台，通常要求取得官方相应领域的许可资质。例如，如果客户在平台上发布医疗广告，在国内则需要企业提交医疗机构执业许可（国家卫生健康委员会颁发）和医疗广告审查证明（市场

1　目前国内普遍依赖学信网核验学历信息，即中国教育部官方的学历查询网站——中国高等教育学生信息网。

2　早期互联网平台认可各地工商局颁发的纸质营业执照传真件或拍照。但是，随着营业执照造假以及套证的黑产利益链滋生，目前纸质版证件已很难作为有效的验证资质，因而催生了电子版的营业执照。

监督管理局颁发）等官方文件。在美国也有类似规定，如果一家
在线药店想在 Google 上发布广告，则它必须取得第三方监管机构
LegitScript[1] 的认证或者 NABP[2] 认证。

（3）行为主体。通过公开信息或专有渠道了解主体曾经从事过
的活动和事件，获得过的奖惩等信息，平台预估该主体未来产生风
险的概率以及严重程度。从风险角度考虑，平台主要考察的公开信
息是该主体的诉讼事件、受处罚事件以及舆情。

表 2.8 是抖音公司对广告主开户的主体资质要求，它包含了上
面的真实主体和背书主体，一般行为主体的验证是互联网平台的内
部流程，不会对外公开。

表2.8　抖音公司对广告主开户的主体资质要求

1. 广告主主体资质
普通企业、非营利组织、学校等不同主体行业需提供对应发证机关颁发的主体资质
2. 行业资质要求
依据广告所推广的商品或服务所在行业的不同，广告主需提供具体的行业资质，如涉及餐饮服务推广，需根据当地法律法规提供相应的行业资质，例如中国香港特别行政区，需提供普通食肆牌照

1　LegitScript 是位于美国波特兰市的一家第三方调研公司，主要从事高风险领域的网络合规调查，包括网络犯罪和品牌侵权。它与美国食品药品管理局（Food and Drug Administration，FDA）合作，为FDA监控和调查管制产品的网站营销合规性。
2　NABP是美国的国家药事管理委员会协会，会员是美国的药房、药厂。NABP为协会会员提供药剂师考试、药房执照转让，以及相关证明等服务。

续表

3. 内容资质要求
a. 若广告素材涉及商标、专利等内容，则广告主需补充提供商标注册证件、专利证书等
b. 若广告素材涉及版权、软件著作权等内容，则需补充提供相应版权、著作权证明文件
c. 若广告素材涉及肖像授权、品牌授权、数据来源证明等需要广告主提供证明资料的情况，则广告主需要补充提供相关授权文件、证明、说明函或确认函（统称"证明文件"）。证明文件应当真实、合法，并且能够证明广告主享有必要的权利投放相关广告。广告主可以使用自己拟定的证明文件，无论提交何种形式的证明文件，均应确保真实、合法，并且能够全面涵盖广告主的使用范围

4. 关于翻译件
涉及外文资质，需提供加盖正规翻译公司公章以及广告主或代理公章的翻译件

主体准则在实际应用时，通常会重点考察真实性和匹配性。

（1）真实性。比如手机号是否真实的持有者（通过短信验证），账号持有人是否真正的广告主（通过银行对公账号验证），以及主体所提供的许可证明是不是真实有效的（比如不是通过 PS 等方式造假）。

资质验真对平台来讲是一个巨大的挑战，虽然法律惩罚真正造假资质的一方，但假资质造成的恶劣影响却实实在在由平台承担。

（2）匹配性。比如验证身份证上的照片是否与本人匹配，广告主的账户主体与推广的网站 ICP 备案主体是否匹配等。

从内容风险治理的角度看，平台制定的主体准则基本起到两个作用——充当稻草人和提高门槛。

所谓充当稻草人，是说当互联网平台要求数字内容创作者提供身份证或营业执照等真实资质时，无形中会约束这些主体发布数字内容的行为，从而减少风险内容的产生。无论是互联网企业对这些资质进行真实性审核，还是形式审核，稻草人往地里一扎，是可以吓跑一些麻雀的。

稻草人只能吓吓一般的鸟，对于以生产风险内容为业的老鸟并不管用。反之，他们很熟悉互联网公司的各种准则及审核流程，通过钻漏洞达到自己的目的。所以，除了主体资质的要求外，针对风险高发的领域，互联网平台还会特别制定关于主体的高门槛要求。比如，在国内发布医疗广告时，为了防范一些企业通过医疗广告转卖患者，坑骗患者钱财从而引发舆情风险，国内平台企业除了要求发布医疗广告的企业有执业许可外，还要求"所有医院主体，必须有医院院长手持身份证和医疗经营许可证在自家医院门口拍照一张。"

这是从实践中一个个真实鲜活的例子凝结成的准则。

一般地，并不是所有的事前风控都需要从这三个维度展开。如果读者是从本书开头连贯读到这里的，就能体会到本书作者的一个观点：互联网平台的任何风控工作都是在与平台业务线的发展取得

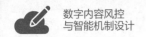
一个合理的平衡点。事前风控也一样。如果平台入驻的只是教人做饭的短视频，那么事前风控只要求博主提供身份证验证即可。但如果平台入驻不只是教人做饭，还有外卖，那么事前风控就需要上传短视频的主体有更多资质要求，比如监管部门要求的食品卫生许可证、厨师的健康证明以及经营许可证等。

2.3.2　复杂关系的主体准则

在 2.3.1 节我们假定内容的创作者与平台是直接的合作关系。而事实上，内容的生产者常常并不是直接与平台产生法律关系的主体，中间可能有代理人这一角色存在。此时，平台的主体准则要复杂很多。本小节以商业广告的风险治理为例介绍内容生产者与平台的多重复杂关系，以及主体准则的制定。

广告主的目标是把自己的广告内容在平台上投放以获得用户的关注和转化。平台服务这些广告主的模式决定了广告主与平台的关系。一般地，平台服务广告主的模式有三种：直客模式、代理模式和共服模式。

1. 直客模式
直客模式即平台公司直接对接服务客户，其优势是平台自己引入的客户，对客户的风险把握力强，同时公司也需要足够的销售和运营等岗位人员支持（见图 2.12）。

图 2.12　平台服务客户的最简模式——单一直客模式

2.3.1 节介绍的主体准则完全适用这种直客模式。客户既是广告内容的创作者，也是平台广告账户的所有者和维护者。

2. 代理模式

随着平台业务的发展，越来越多的广告客户入驻，直接运营管理客户的成本变得异常昂贵。因此，平台就会增加代理模式。代理模式是指公司引入多家合作代理商，由代理商承担原平台公司销售、运营岗位部分角色，从而服务广告主。与直客模式相比，代理模式的优势是公司以较少的运营成本即可管理更多的广告主，但劣势也是显而易见，代理商属于第三方，平台对客户风险的把控力则变得较弱（见图 2.13）。

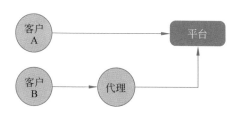

图 2.13　平台服务客户的复合模式——直客模式和代理模式

代理模式下引入的客户，在准入环节除了对广告主进行审核外，还需要对代理商和广告主的合作关系进行审核，以保证代理商确实

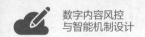
得到客户授权后再帮助客户进行广告内容的运营服务。在混合了两种服务模式的情况下，主体资质审核需要同时服务两种模式下的业务逻辑。有 B 端设计经验的产品经理，会看出这样的业务模式带来的产品设计难度不是线性的，而是呈指数级增加。

3. 共服模式

直客模式和代理模式各有优劣，客户在选择服务模式时会出现根据不同业务的差异化需求选择服务模式，即客户会把一部分业务交给平台的销售来推广，而另一部分业务交给某个地区比较有实力的代理商来推广。因此，实际的业务场景中除了直客模式和代理模式外，还存在第三种模式——共服模式（见图 2.14）。

在共服模式下，通过平台销售推广的业务 1 会根据平台的直客流程进行主体资质的准入，通过代理商推广的业务 2 会根据代理流程进行主体资质的准入。

共服模式下同一广告主在平台管理系统中存在两个身份和两套数据，因为平台业务和代理商业务天然是物理隔离的，两套数据之间也不互通，业务流程上和数据管理上均存在冗余。最复杂的是，当客户因自身推广需求发生服务模式变更时（如客户从一个代理商迁往另一个代理商等），客户原有的资质信息和提交的业务内容并不能平滑迁移，往往需要以一个新客户身份重新准入。这会导致数据更加冗余，映射关系更加复杂，而客户体验也会更加糟糕。

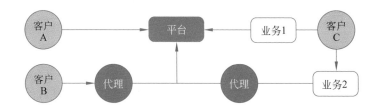

图 2.14 平台服务客户的复合模式——直客模式、代理模式和共服模式

如图 2.14 所示，随着平台公司共服模式下的客户增多，客户面临的准入审核问题变得尤为重要。对于像抖音、阿里和百度这样大型的商业平台，主体资质的审核体验，会影响客户在平台上投放的业务。这种随着业务发展而叠加出来的客户准入流程逐渐会难以适应新的业务发展。

此时，站在客户视角进行准入流程优化与相应产品架构就变得非常迫切了。无论客户选择哪种服务模式在平台开户推广，准入的流程和需要进行的资质审核验证均是客户自己的维度，而平台的销售或者代理商与客户的关系建立与该准入审核应该解耦。以客户视角进行信息资质管理，可以在不同的销售或者代理服务的推广业务中共享，同时把销售和代理各自的准入审核单独作为合同审核模块，与客户信息资质准入并行。无论客户的服务模式发生什么变化，客户在平台公司 CRM 系统中只以唯一身份存在，一套数据，不需要进行重复的业务流程（比如不同业务线上对资质要求的不同而需要重复审核）。

2.4 风险知识的透明度

无论是平台审核手册里的风险准则，还是存储在数据库里的风险标签，都属于平台内部风险治理流程中的一部分。这些风险知识对平台外部而言是一个黑盒，包括政府监管部门、平台用户，甚至平台的内容创作者在内都不可能清楚地知道风险准则、风险标签等风险知识在平台内的真实运行机制。

这既是平台的优势，也是平台的隐患。

所谓优势，是指在内容风险治理这个领域，平台掌握最完整的风险知识体系以及相应的算法优势，所以拥有更多的自主权，以保护平台自身的商业利益。但同时这也正是平台难以取得政府和用户充分信任的源头。

这就是互联网公司内容审核透明度的问题。

事实上，透明度不仅是互联网公司的话题。大型制药和汽车公司都会面临诸多关乎公共利益的监管要求，其中就包括透明度监管[1]。1.1 节提到，互联网内容平台作为一个私人公司提供的公共产品，内容治理本身夹杂着公众利益和平台自利等多重驱动因素（见图 1.4）。社会公众势必要求互联网公司保持一定的透明度，承担的

---

1 与之有关的全球通用文件是联合国《工商企业与人权指导原则》《鲁杰原则》《联合国全球契约》中规定的公司需要尊重人权的法律和道德义务等。

社会义务至少应与其对公众产生的影响相当。

　　国外互联网科技公司在透明度上做得相对较好，绝大多数会在法律要求之外进行自我监管，比如多数公司定期发布透明度报告。自 2010 年 Google 发布第一个透明度报告以来，截至 2020 年年底，全球已经有 88 个互联网、通信和新技术公司发布了透明度报告（见图 2.15）。

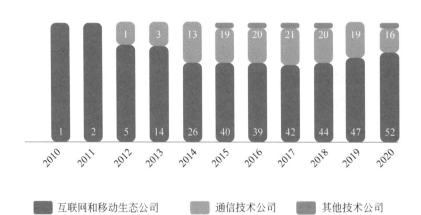

图 2.15　全球发布透明度报告在不同类型技术公司的分布（数据来源：AccessNow.org）

　　国内由于内容审核的敏感性，内容治理流程和规则往往是不公开的。不过，最近几年，开始部分开放。事实上，逐渐开放流程和规则对平台而言利大于弊。

　　如果内容治理流程和规则对政府监管相对模糊和不透明，那么政府监管部门就会缺乏对平台技术和内容治理能力的合理判断。从而，政府监管会导向"结果主义"——以平台是否出现风险内容作为是否向平台问责的依据。实质上，结果主义的盛行，导致平台承担了超过它能力范围之外的风险责任。因为内容风险的识别、处置以及效果界定本身就有很大的灰度空间，平台应该尽量让政府监管了解到自身尽到了审查义务，出现一些不好的结果是当前技术所限、管理边界之外或其他原因所致，而非平台自身不努力。

平台公司发布透明度报告并不是为了把"锅"甩给社会，而是要平台保证内容治理流程的透明度，使监管、用户和客户等全社会对此有正确的认识，取得社会的信任。这正是本书前言中所说的第六种企业竞争力。

目前，内容风险治理的社会结构基本上是"政府-平台-用户"的三元结构，其中用户的话语权最弱势。但是，用户又是有害内容的直接感受者，如果用户与平台产生很大的信息不对称，那么用户极容易从有害内容的感受者变成吐槽者和拉黑者。对普通用户开放一些审核流程和规则，用户一方也可以成为风险治理的一环，最终会使平台获益。推特上的一个案例可以供参考：推特上由反骚扰行动的志愿者自发创造的"骚扰黑名单"（bot-based collective block lists）就是一次有益的实践。利用推特 API，反骚扰行动的志愿者可以通过集体协作的方式将他们认定为骚扰者的用户加入共享的黑名单中，推特上的其他用户则可以订阅这一名单，并将名单中的用户及其发布内容屏蔽。有了黑名单，反骚扰工作可以更有效地被分配到一个对网络骚扰达成共识的群体中。

2018 年，一些民间组织和学者提出平台内容治理透明度的原则——《圣克拉拉内容审核透明度和问责制原则》(*The Santa Clara Principles on Transparency and Accountability in Content Moderation*)。它提出了以下三项基本原则。

（1）平台应该公布因违反其内容指导原则而被删除的内容和永久或暂时被停用的账户数量，履行披露义务。

（2）平台应该告知每个内容被删除或账户被暂停的用户关于删除或暂停的原因，明确告知内容审核的标准和执行过程。

（3）平台应该对任何内容被删除或账户被暂停的用户提供上诉机会。

原则（1）实际上就是指透明度报告，国内大型互联网平台并未有此行为[1]。原则（2）和（3）就是图 2.8 中提到的风险话术，包括如何告知创作者或提交内容者拒绝的理由，以及投诉和上诉通道。大型互联网公司虽然都有这样的配置，但多数是按"客诉客服"这样的业务定位，很少有从风险治理透明度的高度上重视的。

1　一些中小平台或有此类似的报告，比如2021年第三方内容风控提供商数美科技与澎湃新闻联合发布了《网络信息内容安全洞察报告》。

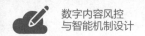

客诉客服是战术性的手段，解决一类客户的问题，是一砖一瓦的修缮；而治理透明度是战略上的一环，解决的是如何提升用户在内容风险治理中的作用，是一城一池的稳固。

图 2.16 给出了如何提升客诉客服为风险治理透明度战略中一环的一种思路，抛砖引玉供读者参考。

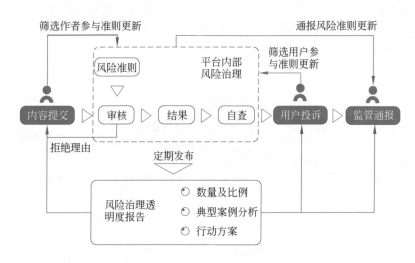

图 **2.16** 平台内部风险治理与透明度报告

图 2.16 中，平台内部治理有三种方式与平台外部进行互动与交流。

（1）参与。筛选一定数量的作者和用户参与到平台内部风险准则的制定和更新流程中，让他们成为 KOL（Key Opinion Leaders，意见领袖），并积极影响社会舆论。

（2）告知。这包括给作者的拒绝理由、给用户的投诉反馈和给监管部门的报告。需要注意的是，这种告知的目的是让外部感受到平台流程越来越清晰、越来越好，而不是陷于无穷无尽单个案例的被动反馈上。

（3）透明。平台内部治理流程通过定期对全社会公布"风险治理透明度报告"，使外部明确知道内容风险治理——这个为全社会利益服务却少有人知晓的工作在做什么努力。透明度报告包括以下内容。

①被平台删掉的有害内容数量及构成，未上线被平台拒绝的，上线后平台自查发现的，用户投诉的和监管通报的。

②典型案例分析，让社会实实在在感受到平台内容风险治理的价值。

③平台对近期风险内容的特征所做的改善。

上述三种方式由点及面刻画了完整的内容风险治理的透明度体系。

第3章

机 器 识 别

03

风险知识体系是内容风险治理的后勤建设，真正拿起武器上战场从"茫茫的内容'海'里找出每一个坏分子"，这是风险识别要完成的使命。风险识别是内容风险治理最核心的工作，按识别手段不同可分成机器识别和人工审核。

机器识别过程不需要人工参与，有着极高的识别效率。不过，机器识别的准确率和召回率依赖风险类型的特征，不是所有的风险类型都能由机器识别并满足业务需要。而且，机器识别尤其是机器学习模型在应对用户或客户对抗以及业务标准变化时反应迟钝或迭代效率慢。机器识别适合那些识别对象数量庞大，且风险准则边界清晰又长期稳定的场景。对于不满足这些条件的场景，机器识别的效果会有相应折损，这就要看这个场景的业务对内容风险的态度了。接受机器识别的低准或低召，同时配套其他机制应对副作用带来的影响，或者弃而不用。一般地，机器识别会形成两种类型：高召低准和高准低召。高召低准常用于高危风险类型的识别，高准低召模型宜用于实时识别的场景。

　　风险词表是直观上最容易理解的机器识别方法，从而成了内容风险治理领域应用较广泛的技术手段。3.2 节将对此展开详细讨论。不过，它的缺点也很明显。视频和图像类的内容风险不能简单浓缩成若干关键词来表达，且由于语言的歧义存在较高比例的误杀，前者需要引入机器学习模型来解决（见 3.3 节），后者则需要建设附加规则（如豁免和黑白名单）抵消误杀的副作用（见 3.2.3 节）。机器学习和附加规则在风险识别中互为补充，与风险词表一起形成内容风险治理的三道智能屏障（见图 3.1）。

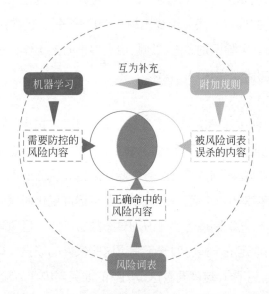

图 3.1　内容风险治理中风险识别的三道智能屏障

　　若这三道智能屏障也无法做出正确风险识别的场景，就需要人工介入。审核员通过良好训练后，相比机器识别，对风险识别的准召有较高的提升。但是,人工审核的效率要比机器识别低很多。因此,人工审核适合对准召要求较高但对效率有一定宽容度的场景,如多数视频、直播类内容属于这种情景。人工审核的主题将在第 4 章详细讨论。

在实际应用中,机器识别和人工审核这两种手段是同时使用的。送审内容先通过机器识别将准召水平较高的风险类别进行自动识别,并按风险准则进行处置。若机器识别无法做出高置信度的判断结论,则发送人工进行二次判断。机器识别与人工识别也可以形成一个相互促进的闭环;一方面,机器识别可以将不是很确定的风险点提示给人工,辅助人工进行判断;另一方面,人工识别的结果可以反哺机器学习能力的提升。通过这种协作和促进,风控系统(含人工识别)的识别效率、识别准召会自动持续得到优化。人机协作的话题将在 4.5 节进行讨论。

3.1 机器识别概述

用算法替代思考,用代码定义万物,这是互联网界沸腾近三十年向全社会展示的哲学思考。数字内容本身就是代码的产物,用机器识别数字内容的风险就是这种哲学思考的实践形式之一。

我们如何看待机器与人争夺"思考"这一市场,机器的"思考"如何与人的思考对接形成推动业务前进的力量。本节将略微开放地

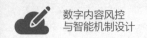
探讨机器识别能力有关的一般性话题，在思维深处搅动一下读者的脑细胞。

3.1.1　关于机器识别的思考

用机器智能替代人工审核员，这听起来很诱人，尤其是有着理想主义倾向的内容风险治理人士的期待。2020 年，YouTube 进行了一次"机器替代审核员"的实验，为我们审视这个话题带来了极好的素材。

2020 年年初，YouTube 大量裁撤内容人工审核团队的人员，全部替换成为 AI 进行内容审核。因此，2020 年 4~6 月，YouTube 线上的所有视频，都是由 AI 进行官方的内容审核。这也是 YouTube 有史以来首次一个季度没有人工审核员参与内容初审。

2.4 节提到 Google 定期发布透明度报告，从其中披露的数据可以看到这次大规模人工智能实验的效果（见图 3.2)。

在全 AI 智能处理的 2020Q2 这个季度，YouTube 共删除 1000 多万条视频，而之前两个季度这一数字只有 500 万 ~600 万。AI 智能更严格地执行风险准则，当然这里会有大量误杀。删除的这 1000 多万视频中，有 32 万个提出申诉，最后约 50% 通过二次审核重新上线。而之前，进行申诉的视频，只有 25% 左右能重新上线。

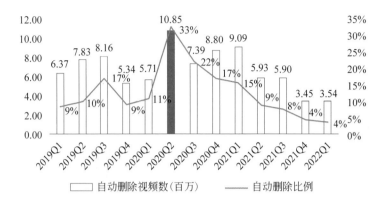

图 3.2　YouTube 自动删除视频数及自动删除比例（数据来源：Google transparency reports）

　　由于机器识别的误杀太大，对作者的体验，以及处理申诉运营的成本急剧上升。2020 年 9 月开始，YouTube 又恢复了人工审核的机制。从图 3.2 的数据表明，由机器首次识别标注为风险内容后被删除的比例持续下降。

　　但是，如果仅把这次实验归结为机器识别的误杀大，那么机器替代审核员这道题就成了无解的问题。因为人工智能技术在应对内容变化和用户对抗行为上始终会有误杀且是滞后的，想把误杀持续稳定降下来，还有很长的路要走。

　　熊彼特（Schumpeter）[1] 讲过，创新是非连续的，而我们的风险识别却是持续要进行的。我们绝大多数的工作是在两个非连续的

1　约瑟夫·阿·熊彼特（Joseph Alois Schumpeter，1883—1950），一位有深远影响的美籍奥地利政治经济学家，是经济创新理论的开创者。

点之间进行的，人工智能也一样，机器识别亦然。因此，解决机器替代审核员这道题应该放在误杀很大的条件下去解，而不是寄希望于误杀下降这个不确定因素很高的奇点。

新技术在业务中能成功发挥作用并非开始于新技术成熟之时，而是从新技术在旧业务"系统"中成功嵌入时开始的，无论新技术是否成熟。搜索广告技术成熟的标志是点击率预估形成自我迭代机制之时，但是搜索技术在互联网广告中成功发挥作用却远早于此。事实上，2003 年，当关于深度学习那篇最知名的论文[1]还没有发表时，早期的搜索引擎 Overture 已经有接近 10 万家广告主，年收入已达 10 亿美元。搜索技术成功地在广告业务系统中落脚了。

再举一个例子。无人驾驶技术要达到替代驾驶员的水平还需要很久，但无人驾驶的成功却不必等这个时间点的到来。现阶段，如火如荼的无人驾驶公司多数是基于无法替代驾驶员的技术条件下寻找无人驾驶技术嵌入的业务场景。或货运、或低速、或封闭的安全驾驶环境，亦或是将无人驾驶的部分技术（如自动泊车）嵌入有人驾驶的车辆上。

机器识别技术也是同样的道理。它有很多诸如误杀多等的问题，我们的着眼点是如何将其嵌入内容风险治理流程中并转化为一种业务能力，而不是盯在机器识别本身准召的提升上面。嵌入不仅意味

1　Geoffrey Hinton, Simon Osindero, Yee-Whye Teh. A Fast Learning Algorithm for Deep Belief Nets[J]. Neural Computation, 2006, 18 (7): 1527–1554.

着机器识别输出任何结果都要确定的处置动作，而且意味着从 ROI
（投资回报率）上讲，它对整个流程有正的增益，还意味着它与人
交互的过程是顺畅的，易于人理解的。

比如，风险词表精确过滤是一种技术能力，而落在业务流程中，
必须同时完成"中文分词 + 字符匹配 + 语义识别 + 误杀处理 + 用
户对抗 + 退出机制 + 运营易用"等一整套动作，才能真正形成业
务能力。没有这种转身的技术能力只能是一个漂亮的花瓶，而这种
转身能力就是产品架构的意义。

因此，虽然本章主题的技术属性很强，但我们始终是从技术如
何转化为业务能力来行文叙事的。

3.1.2　系统架构

支持内容风险治理的技术架构，与大多数后端产品的技术架构
类似，分成基础、算子、策略和接入几部分。图 3.3 是机器识别的
系统架构。

1. 基础层

基础层支持上面的服务，实现算子的开发、部署监控、存储、
缓存和传输等服务。

（1）存储服务。对审核过程中涉及的结构化 / 非结构化数据进

图 3.3 机器识别的系统架构

行高效管理，具体地又细分为关系型数据库（如 MySQL）、KV 存储（如 HBase）、索引存储（如 Elastic Search）、文档存储（如 Mongo DB）、对象存储和文件存储（如 HDFS）等。

（2）缓存服务。缓存是用空间（占用大量内存）换时间的策略，对审核过程中经常用到的热点数据提供更加高速的访问服务。Redis 是一种被高频使用的缓存服务选型。

（3）传输服务。对审核过程中涉及的模块之间的数据传输提供解决方案，大致可以分成两类：第一类是注重时效性的在线/近线传输，常用于模块间调用场景，以 Kafka、RabbitMQ 为代表；第二类是注重吞吐的离线传输，常用于例行全量数据转储 dump，以 Sqoop 为代表。

（4）开发框架。对审核业务服务开发提供基础组件，包含 RPC 框架（如 gRPC、bRPC）、微服务框架（如 Spring Boot）、模型推理框架、图调度框架等。

（5）部署/监控工具。对审核服务提供部署便捷、监控友好、伸缩灵活的运行时环境，近年来越来越多地从物理机向虚拟容器过渡，以 Docker+K8S 为代表。

2. 算子层

在基础层之上部署了各式各样的算子，输出相应的识别标签。这些算子可能分成以下几类。

（1）内容理解类。比如低俗检测算子输出"露背""露腿""露胸"等标签。

（2）账户理解类。比如账户评价类算子输出分级标签。

（3）基本功能类。比如关键帧抽取、图片抓取等，这些算子为进一步的内容理解或账户理解提供输入。

（4）匹配类。这类算子主要是为过滤词表服务的，提供各种匹配算法结果。

需要注意的是，算子层并不直接给出内容是否具备某类风险准则的结论，而是输出基础标签，至于哪些标签在哪些场景下算作哪类风险，由策略层作判断。

3. 策略层

策略层负责基于算子层输出的标签，做出是否命中某个风险准则的判断。比如同样是低俗的风险准则，在不同场景下可能有所不同。拿前面的标签举例，"露胸"一般认为是具备普适低俗含义的，但"露背"可能只在部分场景下被认为是触犯低俗风险的，而在多数场景下属于正常的内容。

4. 接入层

接入层是业务与风控系统的交互界面。在这里，配置挂接相应的策略，送审内容以约定的形式推送到风控系统，同时，风控系统在完成风险识别后又以约定的形式将结果送回业务方。

3.1.3 产品架构

单纯基础的技术架构，可能远远不够。因为面对内容风险治理业务多变的特点，堆砌一些通用功能的代码，大概率造成的结果是漏洞频出，形成疲于救火、不断打补丁式的业务支持模式。有时甚至连基本的业务需求都很难响应。一个"好"的产品架构应该能满足高效性、稳定性、灵活性和易用性。

1. 高效性

机器替代人工最主要的目的是取机器识别之高效能力。一个合理的产品架构在业务上的效率应远远高于人工审核的效率才有实用价值。需要注意的是,这里的效率不单单指技术性能上的效率,而是指端到端地对整个业务带来的效率。

假设机器智能仅可以识别 A 类风险,不能识别 B 类风险。虽然,同一篇文章可以在几毫秒内完成对 A 类风险的识别,但仍需将文章送人工全文阅读审核 B 类风险。那么,端到端的业务效率并非几毫秒,而是机器识别与人工审核综合之后的效率。

100 多年前,电动机等各种工具已经在应用,但装配一辆汽车的业务效率并不高。福特公司发明的生产流水线使得装配一辆汽车的业务效率从 12 小时降低为 1 个多小时。这才是真正的产品架构高效性的表现。

技术架构性能上的效率主要由图 3.3 中的基础层和算子层承接。具体地,产品架构在实现时应充分考虑各类算法特性,制定严格的性能准入标准,工程上更是要对高并发、高吞吐、资源调度等方面问题做细致设计。

（1）在底层 RPC 服务框架的选型上就要打好基础，保证框架本身性能达标，可以广泛调研业界、所在公司 / 部门内的优秀方案，并结合自身业务场景充分推演，最终确定最佳选型或自研。

（2）在算子计算流程实现上，需要进行充分调优，比如对大量文本规则匹配，避免朴素暴力线性扫描，而是可以引入诸如 Trie 树[1]等数据结构，极大降低匹配时间成本，保证高性能。

（3）在架构层面需要积极引入缓存设计，针对重复内容直接复用近期计算结果，避免再次计算。

（4）在资源调度层面需要充分考虑异构，不同算法对资源的需求具有较大差异性，比如文本类算法往往使用 CPU 即可，图像类算法搭配 GPU 是更好的选择，落地页类算法则对网络 I/O 有较高要求，资源调度机制要保证能够进行合理的调度分发。

2. 稳定性

机器识别是一个串行的流程。通常，多个业务节点的串行流程，保证稳定性的挑战是很大的。若产品设计不周，在某个节点出现 Corner Case（稀少的边界问题），会导致整个识别流程不可用。具体地，机器识别的产品技术架构设计应该避免单点和单中心问题，在产品设计上要有熔断机制，在技术上可以做到资源弹性。比如，

1　Trie树可参考3.2.2节的内容。

当某个机器识别的命中拒绝量超过一定阈值时，需要报警或推送人工二次确认；或者当送审内容出现剧变（尤其是剧增）时，应该有限流降级止损的机制。

稳定性是通过图 3.3 技术架构中各层之间加强稳定性来满足。具体做法包括：

（1）为了避免单点问题，更倾向采用无状态服务的设计方式，这种方式也恰好比较适合审核业务场景，多个服务节点之间相互独立，一个服务节点出现故障，不会影响其他服务节点。

（2）为了应对突增流量，需要实现各层级限流以及资源弹性扩充。通过限流来避免系统被直接打崩，通过资源弹性迅速尽最大可能补齐流量承受缺口，整体上保证系统在面对巨大压力时仍能继续提供服务。

如果在实现中有对第三方服务的依赖，则风控业务团队必须与第三方团队签订 SLA 协议。当出现故障时，可及时介入，尽最大可能降低对业务带来的影响。同时，当第三方服务长时间不可用时，应该有相应备选方案迅速切换，保证在重要业务上可持续提供审核服务。

3. 灵活性

如 2.2 节所述，风险准则在很多场景下是需要变更的。因此，机器识别的产品技术架构应该能适应这个变化，迅速做出响应。具体来讲，模块配置化、接口便捷和可插拔是必需的，当然这依赖内容风控业务的发展与演进。通用与定制在业务长期发展中总是一对矛盾。这个话题在第 6 章介绍风控中台时，会进行详细探讨。

灵活性主要通过算子层和策略层的双层解耦设计实现。算子层只负责输出理解标签，至于在具体业务场景下哪些标签采取什么样的逻辑组合才满足风险准则，则由策略层判断。相比于"一风险一算子"的单层架构，双层架构表现出极强的灵活性。在单层架构中，每当出现新风险或风险准则变更时，需要对算子进行重新迭代，费时费力，重复工作很多。而在双层架构中，在具备算子理解能力情况下，只在策略引擎层更改风险决策配置即可。当然，如果不满足算子理解能力，则依然需要迭代算子，但可以结合标准细化，前瞻性地进行标签理解训练，尽可能前置具备更强的理解能力。

4. 易用性

易用性主要体现在接入层的设计。

（1）审核接口定义需要遵循清晰简洁的设计思路，让服务使用方能够容易地理解，降低接入门槛。

（2）建设配套的自助开发联调工具栈。定义好要审核的字段和策略后，能自动生成可直接引入使用的 SDK 代码，降低服务使用方的开发成本。在前后端联调阶段，可自助在页面上进行，针对高频可预见错误进行清晰提示和修改建议，加速联调过程。

3.2 风险词表

风险词表，是指将一个风险准则浓缩成一个或若干个关键词的形式，并汇集成的一个风险词集合。在风险识别中，它的作用像筛子一样，将包含风险词表中关键词的送审内容（疑似有害内容）定位出来，也称为"敏感词表""黑词库""过滤词表"等。风险词表中的每个关键词称为"风险词"。

风险词表易于理解，操作简单，且识别效率较高，成为内容风险治理中最常使用的手段之一。但是，它也会带来诸如误杀、对抗等新的问题，需要应对解决，否则风险词表的效率优势反而会被其带来的新问题抵消，甚至得不偿失。

3.2.1 中文分词

各大平台使用的风险词表，多数采用了基于中文分词的技术。它的原理非常朴素：

（1）将文本内容进行中文分词，形成分词集合。

（2）将分词集合中的词逐个与风险词表中的关键词进行字符串

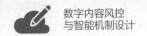

匹配，若匹配成功，则标注有疑似风险。

图 3.4 表达了上述基本原理。

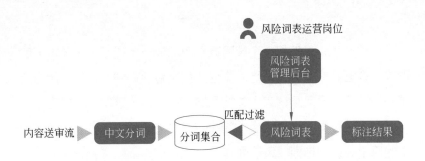

图 3.4　风险词表识别风险内容的基本原理

1. 分词自动化处理规范

中文与拉丁语系（以英语为代表）的语言相比，在计算机处理上有重大区别。拉丁语系语言以空格作为天然的分隔符，而现代汉语继承古代汉语的传统，词语之间没有分隔符。古代汉语相当简洁，大多数情况一个字就是一个词（除了像"窈窕""徘徊"这样的联绵词和人名、地名等专有名词），所以没有分词书写的需要。现代汉语逐渐演变成以双字词和三字词为主，书写形式却继承了古代汉语，这就给计算机的分词处理带来巨大挑战。

为了让中文分词规范化，早在 1992 年，国家标准化管理委员会就发布了国家标准《信息处理用现代汉语分词规范》[1]。这个标准

1　即GB/T 13715—1992。

对分词进行了界定，表 3.1 给出了规范中约定的分词的全部情形和示例。

表3.1　《信息处理用现代汉语分词规范》中文分词的标准和示例

《信息处理用现代汉语分词规范》中的分词标准	示　例
二字词或三字词，以及结合紧密、使用稳定的二字词组或三字词组	个人 经验，朋友圈 疯传
四字成语	翻山越岭
四字词或结合紧密、使用稳定的四字词组	兰州烧饼
五字和五字以上的谚语、格言等，分开后如不违背原有组合的意义，则应予切分	冤 家 / 宜 / 解 / 不 / 宜 / 结
结合紧密、使用稳定的多字词语，分开后如违背原有组合的意义，或影响进一步的处理，则不应切分	我去年买了个表
惯用语和有转义的词或词组，在转义的语言环境下表达	妇女能顶 / 半边天
缩略语	奥运会
分词单位加形成儿化音的"儿"	涨粉儿
非汉字符号	PUA，UFO
外来词	荷尔蒙（Hormone）
专有名词	三班仆人，大三阳

2. 分词的基本方法

现有的分词方法有三类：基于字符串匹配的分词方法、基于统计的分词方法和基于理解的分词方法。

基于字符串匹配的分词方法又叫作基于字典的分词方法。顾名思义，这种方法需要事先构建一个已知词的词典，然后将待匹配的

文本内容逐一与词典中的词匹配。这种方法简单易用，技术上比较成熟，是绝大多数分词应用的基础方法。

但是，基于字符串匹配的分词方法存在固有的不足。首先是未登录词的问题，也就是词典中没有的词。从上面的分词方法不难看出，这种方法提升分词准确率的关键是词典的规模、质量及更新速度，规模越大，质量越好，更新越及时，分词的准确性越高。随着网络生态的发展，新词出现的速度在加快。比如"内卷""外卷""skr是啥""xsn又是啥""搞得我都emo啦""奥利给""穷叉叉""白嫖"。解决这些新词的方法是采用基于统计的分词方法。

基于统计的分词方法是从大量语料中统计两个字相邻出现的概率，一定程度上表明它们组成一个词的可能性。比如发现"白"和"嫖"同时出现的次数非常多，那么它们就很可能是一个新词。通常，基于字符串匹配和基于统计的方法会结合起来使用，发挥两者之长。

不过，还有另外一个难题上面两种方法都难以解决，那就是歧义问题。比如"开放性交互式编辑界面"中含有"性交"，"一台独立的服务器"中含"台独"等都会被风险词表命中而拒绝。歧义问题不止发生在中文领域，英文中也会遇到，即所谓的斯肯索普问题[1]。解决这个问题需采用基于理解的分词方法。

1　英国有个小镇叫作Scunthorpe，因为其中含有英文单词cunt（意为阴道），在网上注册时经常命中相应过滤词表而发生误会。所以，类似这种问题统称为斯肯索普（Scunthorpe）问题。

基于理解的分词方法即完全模拟人理解句子的过程，对句子进行句法分析和语义分析，从而给出正确的分词结果。这种方法需要大量语言学知识，计算复杂性很高，目前业界正在探索和完善中。

在内容风险治理领域，使用分词方法的原则是"时效性和准确率取得一个平衡"，所以计算复杂度不能太高，同时还需要配置解决"分词错误"的事后手段。把风险暴露完全依赖分词本身的准确率提升，是极不合算且极愚蠢的想法。况且，在风险治理领域，仅分词准确是远远不够的（见案例 3-1 医美贷款的例子）。

3. 分词集合

在内容风险治理中，文本内容的分词结束后，文本内容就以"分词集合"的形式存在。为更好地将"分词集合"与过滤词表中的关键词进行匹配，识别风险，有时需要将分词集合进行扩充。

【案例 3-1：医美贷款】 2016 年前后开始，中国主要一线城市医美贷款非常火爆，后来逐渐演变成骗银行贷款和误导欺骗消费者。到了 2018 年以后，为防止更多消费者上当受骗，部分互联网平台把"医美贷款"一词添加到过滤词表中。

使用上面提到的分词方法，类似"医美贷款平台有哪些"这样的文本内容就会分解为：医美 \ 贷款 \ 平台 \ 有 \ 哪些。在不做任何其他策略处理的前提下，虽然过滤词表中有"医美贷款"一词，但

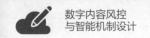
却无法识别文本中的"医美贷款"一词。这是由于文本内容中的"医美贷款"被分词分成了"医美"和"贷款"两个词,在精确匹配时是无法成功匹配过滤词表里的"医美贷款"的。如果待过滤的关键词在送审文本中被分词分成了多个词,就会造成这种问题。

解决的办法是设计相应的分词集合策略。比如,将通过普通分词模型产生的分词进行相邻拼接,形成新的分词,并与原始分词一起加入分词集合。在上面的例子中,"医美贷款平台有哪些"经分词和拼接后加入分词集合的词有"医美\贷款\平台\有\哪些",以及"医美贷款\贷款平台\平台有\有哪些"。当然,这种做法的缺点也很明显,分词集合的规模扩大会带来后面字符串匹配效率的下降。关于匹配效率,3.2.2 节会展开讨论。

3.2.2　匹配效率

对于一个文本的分词集合与风险词表之间的字符串匹配,一种暴力的想法是遍历。让分词集合里的每个词遍历一次风险词表中的关键词,思路简单,也易于理解。但这种算法的时间复杂度是 $O(n^2)$,在实践中是行不通的。风险词表中的风险词数量通常有上百万的规模,即使每匹配一次花费 1 毫秒的时间,匹配一百万次的时间就是 1000 秒。一篇中等长度的文章就有 100 个左右的分词,更不用说大型互联网公司每天有上百万,甚至上千万的各种内容生成。

1. DFA 算法

解决匹配效率，业界采用的最基本方法是 DFA（即 Deterministic Finite Automaton）。因为介绍算法本身不是本书的重点，所以下面借用 Trie 树结构简单介绍一下 DFA 算法的基本原理。

首先，把风险词表重组为一棵树的结构。图 3.5 中，我们在根节点下创建了 24 个子节点，分别代表 23 个中文拼音的首字母（u、v、i 三个字母不是任何汉字拼音的首字母）以及 1 个其他符号。再往下，我们将风险词表中风险词的第一个汉字放在相应字母下面作为孙节点，再放第二个汉字，以此类推。如果到达风险词的最后一个汉字，则将其作为叶子节点，表示这个分支结束。

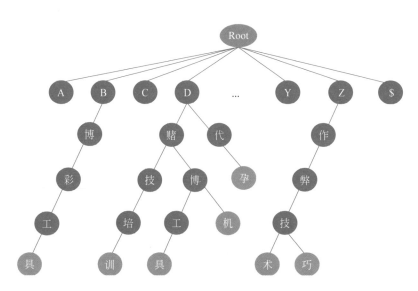

图 3.5 过滤词表中风险词的 Trie 树

　　然后，针对送审内容中的每个词（已经通过中文分词处理），首先通过树的遍历方法定位到 Trie 树中相应的节点位置，然后依次通过子节点遍历匹配送审内容中的后续词，直到无法匹配为止。在遍历过程中若遇到具有结束标记的叶节点，则说明命中了相应规则。通过这种方式，将几百万次的匹配过程优化成一次树遍历过程，大大提升了风险识别效率。

　　DFA 算法提升效率的本质是用空间换时间，所以其缺点也很明显，就是对存储空间的要求很高。不过，对大型互联网公司来说这一点是可以接受的。

2. 生效时效性

　　风险词表的最大优点是实施便捷、迅速。但是，在实务中实施者应该考虑一个问题：在风险词表中添加一个新词，可以识别以后送审内容中是否包含风险词，但之前是否已完成审核的库存内容呢？关于库存内容的风险，1.2.1 节曾做过介绍，互联网内容的审核时间与实际展现给用户的时间不一致，因此会给平台带来库存内容的风险。如图 3.6 所示，t_1 时刻更新风险词表，通过旧风险词表的旧内容已经入库等待分发，因此 t_2 时刻展现给用户的内容中有可能存在不满足新风险词表要求的内容。

　　为避免这种库存之险，最直接的解决办法是将 t_1 时刻前入库的旧内容离线通过新风险词表过滤（见图 3.7）。

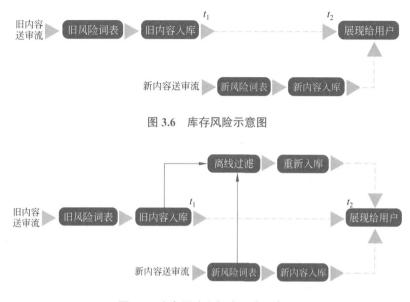

图 3.6 库存风险示意图

图 3.7 库存风险之解决思路示意图

不过，这个工作最终的难点会落在效率问题上。如果风险词表数量庞大，这种全量导出方式进行过滤，一是成本高，二是词表更新生效严重滞后。在技术上，可以把实现方式优化一下，只将 t_1 时刻后更新的风险词进行离线过滤旧内容，这样可以实现风险词表更新的分钟级生效。

通过中文分词和字符匹配这两种手段，可以实现基础的风险词表管控能力。但风控人员要清晰认识到，这距离在风险识别战场上产生真正的杀伤力还很远。事实上，如果仅做到这里，甚至做到极致优秀，风险词表也很可能在实践中成为一种摆设。因为风险词表易于理解，从而在实践中也容易被过度使用，甚至被相应运营人员不负责任地滥用，造成的影响是它的副作用（如误杀、漏召等）不断积累放大。

除了提升风险词表使用者的素养和认知，还需要建立如图 3.1 所示附加规则这样灵活的机制。在通用化管理能力之上，分场景精细化使用风险词表，才能在使其发挥高效清道夫作用的同时，降低风险词表的副作用。

3.2.3 附加规则

附加规则是为解决简单风险词表应用带来的较高比例误杀问题。附加规则的使用方法是，一些送审内容当满足诸如资质、头部客户等条件时，可以豁免或灵活配置部分过滤词表。根据附加的因素不同，附加规则可以分成如下几类：附加资质规则、附加豁免规则、附加场景规则和附加合理使用规则。

1. 附加资质规则

【案例 3-2：某购物平台使用医疗用语并发布虚假广告】 2019 年，上海某购物平台上线，并在其平台上发布了视频广告。

其中一则视频广告宣称某产品"对维护肝脏、胰腺，防治老人松骨症有较好的优势，具有一定代药的功能"，属于使用医疗用语。

上海市市场监督管理局调查后认为，上述行为违反了《中华人民共和国广告法》第十七条之规定，属使用医疗用语的违法广告行为；当事人对销售商品功能宣传的广告，违反了《中华人民共和国广告法》第四条之规定，构成《中华人民共和国广告法》第二十八条第二款第二项所指行为，发布虚假广告，最终被罚 22 万元。

中国对医药类广告有最强的监管政策。图 3.8 表示了中国大陆地区目前对医药广告的监管法律体系。

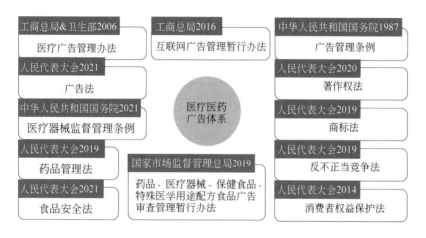

图 3.8　中国大陆地区医疗医药广告监管法律体系（注：图中年份数字表示该法规修订年份）

其中，《中华人民共和国广告法》《互联网广告管理暂行办法》《广告管理条例》是最基本和最常用的规范，规定了商业广告活动的一般要求，是医药广告监管制度体系的基础。

案例 3-2 提到《中华人民共和国广告法》第十七条之规定：除

医疗、药品、医疗器械广告外，禁止其他任何广告涉及疾病治疗功能，并不得使用医疗用语或者易使推销的商品与药品、医疗器械相混淆的用语。因此，大型互联网平台常有数量惊人的医疗医药风险词表，当命中这些词表后，需要验证这些商家是否具备相应医疗医药许可资质，这就是附加资质的风险词表。图 3.9 是附加资质的风险词表产品设计图。

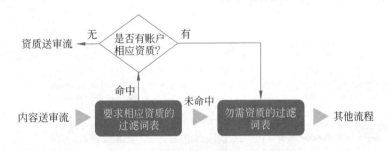

图 3.9　附加资质的风险词表产品设计图

2. 附加豁免规则

风险词表误杀对平台产生的主要问题是伤害平台创作者的创作积极性，或者降低商业合作伙伴的合作体验感。

为保障重要的头部作者或客户的长期合作，平台往往会向这些头部客户网开一面，他们提交的内容可以不通过风险词表筛选，取得豁免资格。因为这些客户或作者本身有很强的防风险意识，对提交平台的内容已经进行过自我核查。即使内容万一有风险暴露，这些客户的知名度甚至比平台还大，所以平台自身的风险压力反而会小很多。

这一状态的形成,其内在驱动机制是利益博弈的均衡,如图 3.10 所示是这一博弈的收益矩阵。

图 3.10 对头部客户或作者豁免的内在博弈驱动

在图 3.10 中,我们合理假定了平台与头部客户或作者的博弈收益。对平台而言,平台豁免的成本是承担头部客户或作者违规时的损失 x,而不豁免的成本则是对头部客户或作者干扰的业务损失 y,无论客户或作者违规与否,直觉上看,x 和 y 这两个数值的绝对值哪个更小,平台就选择相应的策略。其实不然,决定平台选择哪个策略跟 x 和 y 的大小无关,而是取决于头部客户或作者的违规成本。

如图 3.10 所示,头部客户或作者违规成本(无论平台是否豁免,均为 5)远大于不违规的成本(平台豁免时损失为 0,平台不豁免时损失为 1)。因此,无论平台是否豁免,"不违规"是头部客户或作者的占优策略[1]。平台当然也知道这一点,因此"豁免"一定是平台的最优反应策略。最终,这个博弈的均衡必定落在(平台豁免,头部客户或作者不违规)这个策略组合下。

---

1 占优策略以及下面的最优反应策略的概念请参考8.2节。

这个结果形成的核心锚点是头部客户或作者比平台更爱惜自己的羽毛。比如人民网提交的内容显然要比普通自媒体的内容违规概率小很多。同样，对华为、京东这样的头部客户，相比违规的那点收益，他们更忌惮违规后把他们举到舆论的风口浪尖。

3. 附加场景规则

因为在互联网平台尤其论坛、评论等语境中，"伞兵"一词表示一句骂人的话，各大平台即把"伞兵"一词也加入风险词表中。可是，这就给一些军事频道的用户和作者带来了困扰。这种情况需要风险词表附加使用场景的规则。根据不同业务内容的标签（如"生活""财经""军事"等的分类标签），附加不同的策略规则。

类似地，"苹果"一词是因为避免品牌侵权而加入风险词表的。但因为语言的多义性，在农业、饮食等分类的内容上造成大量误杀（在这些场景，"苹果"多数是指一种水果）。平台通过内容标签或行业分类标签，附加不同的风险词策略，可以解决这类问题。

4. 附加合理使用规则

在电商和广告内容上，平台常遇到的风险是商家的品牌、名誉等侵权问题。所以，在风险词表中有一类风险词是知名品牌，用来防止商家随意使用这些品牌名称蹭流量欺骗用户。

【案例 3-3：某品牌 A 诉某电商平台 B 商品标题涉品牌侵权】 我们知道，电商平台商品标题为满足搜索和吸引用户的需要，堆砌了很多关键词，形成很有特色的"电商体"标题。比如："影巨人适用某品牌A有线耳机入耳式R15R11splusA5A1R9s原装正品通用女生重低音手机耳塞男"。这是一家卖耳机的店铺。我们看到标题中涉及某品牌A，那这样的标题会不会涉及侵权？

2019年，某品牌A就将某电商平台B上的这家店铺的主体告上法庭，经过两次审判，法院不支持侵权的诉求。法院的理由有二：一是标题使用"某品牌A"表示商品的某个特点这一事实，即涉案耳机的特点是可以适用某品牌A产品的，并未虚构；二是这样使用的结果未让用户产生涉案产品系某品牌A原装产品的误认，因此并不属于非正当的、不诚实的使用。

但是，如果包含了某个风险词，就认为该内容"真正"有风险，这在很多情况下是草率的。

品牌词在广告内容里有哪些合理使用的场景呢？总结见表3.2。

表3.2　广告内容中品牌词合理使用的场景

场景	合理使用	侵权使用	示例
电商	为展示商品信息、诚实地指明商品的品牌	在没有授权关系的情况下，若暗示与品牌方有授权、加盟等合作关系，则可能构成商标侵权或虚假宣传等不正当竞争	

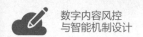

续表

场景	合 理 使 用	侵 权 使 用	示 例
维修	在修理、售后等行业，为向用户描述其可以修理的产品品牌、型号，可以使用相关商标代指该产品	如使得用户对商品来源或者商家与商标权人的授权关系产生混淆、误解，仍可能构成商标侵权或不正当竞争	**令人羡慕!** 华为手机上门换电池才99元起，北京已支持 在北京，手机更换电池，闪修侠 10分钟响应，一小时上门,30分钟修好，当面维修，给您看得见的... **免费上门换电池** ⬚ 闪修侠-上门换电池 广告　◎ 查看详情
零件组装的商品	为向用户指示零件或原料来源，可以使用原料或零件厂商的注册商标，但该种使用应具有必要性，且不能超过合理限度	如使得用户对商品来源或者上述经营者与商标权人的授权关系产生混淆、误解，仍可能构成商标侵权或不正当竞争	
产品适配某些商品	电子产品和办公用品有时需要使用与该产品型号适配的配件或耗材产品，这些配件或耗材的生产销售商，为表明自己产品与目标商品的兼容或适配性，可以合理使用目标商品的商标	该种使用一般需注明"适用于"等描述词，并以合理正当为限，如果超过合理范围，就会造成相关公众对商品来源混淆，或有攀附他人声誉的行为，可能构成商标侵权或不正当竞争	如案例 3-3

从表 3.2 可以看到，合理使用和侵权使用的界限是模糊的，实际案例中，是否侵权也需要双方多次质证交锋才有法院的判决。因此，语义理解还在苦苦锤炼的机器智能为这个场景服务自然无从谈起。实践中，平台方只能通过客户误杀之后的反馈进行人工处理。

　　风险词表与附加规则的协同作用，使风险词过滤的方法能满足内容风险治理业务的基本需要。但是，平台与用户，平台与商业客户之间是一种既合作又对抗的关系。当风险词表禁止了一些风险词的发布，会逼迫用户或客户造出风险词的变体词，以规避平台的风险词过滤。变体词的问题在某些领域会很严重，如不认真应对，则会使风险词表形同虚设。3.2.4 节将讨论变体词的问题。

3.2.4　变体词

　　从更广泛的视角看，变体词并非网络时代才出现的语汇。文言中的通假字、古代人名的名讳以及一些行业的黑话等，都是变体词异彩纷呈的表现形式。中文语言本身含义丰富，灵活扩展性很强。百度当年上市的招股说明书首页（见图 3.11）在一定程度上说明中文语言变体能力之强。

图 3.11　百度 2005 年招股说明书封面图

　　当然，网络上的变体词要比上述规范文本中的语言变化更复杂。这些变体词形式多样，出现迅速，流行周期也短，消亡得很快。

因为不同语言的文法、语法和句法差异很大，所以不同语言的变体词方式可能完全不同，本节仅讨论中文变体词。

1. 变体词的概念

变体词是网络用户为了达到某种目的将相对严肃规范的现代汉语词汇用一种不规范、不敏感的词替代，所替代的相对规范的词称为"实体词"。

网络中的变体词有如下特征。

（1）变体词使用比喻修辞，不能根据字面意思进行理解。比如，"海涛"作为规避"海淘"的变体词，与大海上的波涛无关。

（2）超过半数的变体词是基于语义和复杂背景构建的，小半是简单字典式替换。

（3）一个实体词可以有多个变体词。比如 QQ 一词就可以有"扣扣""球球""秋秋"等多个变体词。

（4）变体词随时间推移会进行演化。新闻热点和特殊事件可以产生新的变体词，有些变体词会逐步消亡，另一些则可能进入规范文本成为新的实体词。比如，"魔都"一词本来是上海的变体词，但逐渐成了上海的正式别称，成了新的实体词。

（5）变体词与本体词共存在于网络数字内容中。

2. 变体词的构造方式

变体词的构造方式，其实跟古代汉字的构造方法——六书类似。两者的本质是一样的，都是构建一个合适的符号表示一个实体或情境。当然，随着时代的不同，会揉进新的元素（比如数字谐音变体——"1314"代表"一生一世"）。

变体词的基本构造方式见表3.3。

表3.3　变体词的基本构造方式

类别	小　类	说　明	在风险词表过滤中的实例
象形	单字替换	利用单个汉字或符号的形似替代原来规范的实体词	①用"茶颜悦色"指代规范的"茶颜悦色"； ②用 0PP0 替代 OPPO，注：前面那个 0PP0 前后两个圆圈是数字 0，而不是字母 O； ③用"徽信"替代"微信"； ④用 sh!t 替代 shit
	颠倒替换	把实体词中某些字的顺序颠倒，用户误以为整体看到的词是规范的实体词	①用"喜登来"替代"喜来登"； ②用"凯宾基斯"替代"凯宾斯基"； ③用 Diro 替代 Dior
	加字替换	在规范的实体词中间增添汉字或字符	①用"DE LL"替代"DELL"（注：前面变体词DE与LL中间有空格）； ②用 photooshop 替代 photoshop； ③用"万|家|乐"替代"万家乐"

续表

类别	小　类	说　明	在风险词表过滤中的实例
会意	拆字	将一个汉字拆成多个汉字或符号	①用"微イ言"替代"微信"; ②用"木公下"替代"松下"; ③用"十尃世"替代"博世"; ④用"吃藕"替代"丑"
	拼音缩写	用拼音首字母组合替代原来的实体词	用WX替代"微信"
假借 (谐音)	汉字谐音	用同音词替代规范的实体词	①用"薇信"替代"微信"; ②用"寇寇""秋秋""球球"等替代QQ
	萌化谐音	用嗲或萌或一些方言发音替代规范的实体词	①用"酱紫"替代"这样子"; ②用"稀饭"替代"喜欢"; ③用"胡建"替代"福建"
	拼音谐音	用拼音替代规范的实体词	用Weixin替代"微信"
	数字谐音	用同音数字替代规范的实体词	用1314替代"一生一世"
形声	表音表意	将实体词分解成字的组合，将含有某个字（或谐音，同音异形异义）的词组替代原来的实体词	用"战战"替代"肖战"
指事	人物影射	用历史人物或专指的事物替代规范的实体词	用"希特勒"替代"独裁者"
	背景沉淀	用背景知识抽象成一个词来替代实体词	①用"魔都"替代"上海"[1]; ②用"企鹅"替代QQ

1　出自旅居上海的日本作家村松梢风的小说《魔都》。

续表

类别	小 类	说 明	在风险词表过滤中的实例
指事	特定标签	由于特定新闻或其他事件给某人或某事物贴了公众印象的标签	用"雨神"替代"萧敬腾"

以上是基本的变体词生成方法，现实中经常会出现多种生成方法复合的情形。比如用"疼迅"替代 QQ，就使用了"假借谐音（腾讯）"和"指事（QQ 由腾讯开发）"两个生成方法的叠加。

3. 变体词的识别

从送审内容中识别出哪些词是变体词，这就是变体词的识别。而判断变体词的实体词是什么，则称为变体词的规范化（下一小段详述）。找到了实体词，就可以加载风险词表进行过滤。

从表 3.3 可以看出，变体词的识别是一项非常复杂的工作。我们需要分门别类地制定识别方法。基础的方法有两种：贝叶斯分析方法和词嵌入方法。

贝叶斯分析方法需要事先用大量语料计算出两字符或汉字相邻的先验概率，针对送审文本统计其文本中相邻两字或字符的后验概率。类似"木公下"这样的词语的先验概率应该接近 0，如果在送审文本中的后验概率较高，则几乎可以 100% 判断其为变体词。这种方法可以识别多数象形及部分会意和假借等生成的变体词。但是，对类似"稀饭"和"空心菜"这种变体词无法识别。

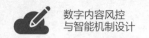
词嵌入方法的假设是，在规范文本中，一个词语与其上下文在语义上应该有一定的相似度。与上下文的相似度用词向量的方式度量。所谓词向量，就是把一个词映射成一个实数，这样才方便进行数学模型上的处理。因此，可以通过计算送审文本中每个词与上下文的语义相似度。如果相似度很低，则可以判断这个词不在正常规范文本中，很可能是变体词。

可以发现，这两种基础的方法在解决"指事"生成的变体词时相对较弱。因为"指事"需要一定知识背景和生活经验，而非单纯桌面上看到的牌。这需要基于语义理解的方法探索解决，这个方向目前还不是很成熟。

4. 变体词的规范化

上一小段提到，规范化是找到变体词对应的实体词，基本方法也是两类：一类是基于统计和规则的方法；一类是基于语义的方法。

基于统计和规则的方法与上面识别所用的贝叶斯方法类似，需要事先建立类似字典的变体词与实体词之间的映射关系，然后通过分类的方法基于上下文相似性和字面相似性实现对变体词的规范化。

基于语义的方法则主要基于两个假设：分布假设(Distributional Hypothesis)和语义组合假设。分布假设是说上下文相似的词，其语义也相似[1]。语义组合假设是说，一段话的语义由其各组成部分的语义以及它们之间的组合方法所确定[2]。基于分布假设，给定一个变体词，如果另一个词与之上下文相似。则可以初步推断这个词就是变体词的实体词。而上下文语义的获取则通过基于语义组合的方式。

在内容风险治理过程中，加入变体词识别和规范化后，风险词表的产品设计逻辑会有所改变，即在图 3.4 所示的产品流程上增加一条变体词识别的路径。

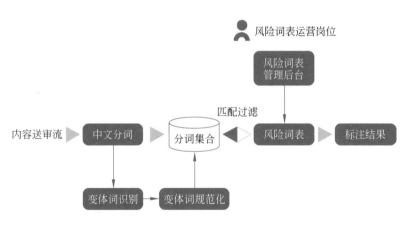

图 3.12　加入变体词识别与规范化之后的风险词表产品流程图

5. 变体词的生成

从图 3.12 看到，变体词的识别和规范化是在中文分词之后增加的一个在线计算逻辑。在线计算的时效性会大大限制变体词方法

1　Zellig S Harris. Distributional Structure[J]. Word, 1954, 10(2-3), 146-162.

2　由德国数学家Gottlob Frege于1892 年提出。

的应用，导致变体词识别的准召不满足风控业务的需求。这就驱动我们寻找离线计算的思路。

其中一种思路是自动生成变体词集合。依据上面变体词的生成方法，结合平台自身业务的行业、用户行为和其他特点，事先预测生成风险词的变体词集合，并自动添加到风险词表。变体词的生成与变体词的识别其实是一体两面的关系，从技术上来讲没有增加复杂度，但打开了时效性的限制。

采用自动生成变体词后，风险词表过滤的产品逻辑变为图 3.13 所示。

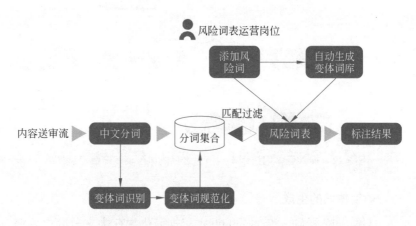

图 3.13　加入自动生成变体词库之后的风险词表产品流程图

最容易自动化生成变体词的方式应该是"假借"这一类型，用同音词、拼音或拼音缩写替代原来的规范词。可以想象一个风险词

将会扩展出一个巨大的变体词库。比如,疾病词"白癜风",就可以扩展成如下的变体词:

"百癜风 百癜疯 百颠风 百颠疯 白癜疯 白颠风 白颠疯……"

显然,这里有大量无意义的词汇,造成变体词库异常臃肿,降低了风险词匹配过滤的效率,甚至抵消了从线上实时转到线下建表带来的好处。对此,我们有两个建议:

(1)短期,结合平台自身业务在重点风险词、重点行业、重点用户或客户以及重点业务线等才使用生成变体词的办法过滤。

(2)长期,可以尝试用深度学习等机器学习方法,挖掘更有效的用户创造生成变体词的特征,优化自动生成的变体词库,使之能命中越来越高比例的用户创造的真实变体词。

读者一定还有疑问:这种自动生成的变体词放在上下文里能通顺吗?真正的用户能看懂吗?这涉及变体词生成的评估,目前评估主要采取问卷调查。让选定接受调查的用户浏览包含变体词的数字内容,并回答问题。这些问题主要包括:

(1)哪个词是变体词?其对应的实体词是什么?是否合适?

(2)这样使用变体词是否造成理解内容有困难?

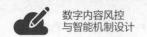
（3）这样的变体词是否让内容更有趣？

有些学者对此做过初步研究，我们可以得到初步结论，变体词生成的方向是可行的 [1]，但需要更进一步优化。

讨论到这里，我们会发现风险词表这个简单的产品变得越来越复杂。随着风险词数量的不断膨胀，越来越需要一套科学的方法进行管理。

3.3 机器学习

如上所述，风险词表过滤的方式非常简单快捷，易于实施。但是，风险词表仅从文本字面机械地匹配风险准则，无法应对人类交流中的语义丰富性和表达易变性的特点。

前面提出用"豁免词"和"附加规则"等方法一定程度上可以解决误识别的问题，但是并不能从根本上消除语义上误识别的问题。

---

[1] 有兴趣的读者可以参考下面两篇学术论文：

1）Hiruncharoenvate C, Lin Z Y, Gilbert E. Algorithmically Bypassing Censorship on Sina Weibo with Nondeterministic Homophone Substitutions[J]. Proceedings of the International AAAI Conference on Web and Social Media, 2021, 9(1), 150-158.

2）Zhang B, Huang H Z, Pan X M, et al. Be Appropriate and Funny: Automatic Entity Morph Encoding[J]. Proc. the 52nd Annual Meeting of the Association for Computational Linguistics (ACL), 2014, 2: 706-711.

而且，现在的数字内容越来越多的是图像、视频等多媒体形式的非文本类内容，这是无法用简单的过滤词表实现风险识别能力的。这时就必须引入机器智能学习的方法。

值得注意的是，随着近年来机器学习技术和相应计算架构技术蓬勃发展，机器学习方法在内容风控业务中发挥的作用越来越大，甚至在部分细分领域实现了开创性突破。因此，内容风险治理界的同行应该充分审视、学习和借鉴应用。

为使读者充分理解本节介绍的机器学习模型，这里先介绍一些机器学习的基础知识，如对这部分内容熟悉，可跳过本节。

3.3.1 回归分析

人工智能、机器学习和深度学习这三个概念常常在同一个地方出现。它们三者的关系如图3.14所示。简言之，机器学习是实现人工智能的一类比较有效的方法，而深度学习是机器学习的一个分支，且是目前最炙手可热的一个分支。

机器学习最核心的算法基础是回归，回归的目的在于找到一组变量与目标变量之间的函数关系。

比如，一组变量可以是历史上每天收盘时的道琼斯指数，目标变量是明天的道琼斯指数，找到两者的函数关系，就可以预测明天

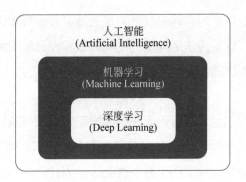

图 3.14 人工智能、机器学习和深度学习之间的关系

的股市。这有一个专业名称叫作自回归。

再如，一组变量可以是道路上的环境参数（如车道宽度、道路曲率、与其他车辆的距离、其他车辆的速度等）和无人车自身的参数（如速度、目前方向盘的转角、所在车道线等），目标变量是下一秒方向盘的转角。找到两者的函数关系，无人车就可以自动处理任何时刻方向盘的转动角度。这是目标变量为连续值的回归。

又如，一组变量可以是一张图片上的可识别文字、典型地标、可识别的商品 Logo，以及有无隐私信息等，目标变量是 0-1 变量（若图片属于广告图片，则为 0，否则为 1）。找到两者之间的关系，就可以自动识别广告图片。

我们用向量 X 表示一组变量，即所谓的特征 (Feature)，即

$$X = (x_1, x_2, \cdots, x_n)^{\mathsf{T}}$$

目标变量通常是单目标优化，当然也有多目标优化的问题。为简单说明问题，假设目标变量是单变量 y，这就是所谓的标签（Label）。机器学习即寻找一个函数 $f()$，使得

$$y = f(X)$$

当 $f()$ 是线性函数时，这就是最基本的线性回归，即

$$y = \beta_0 + \beta_1 x_1 + \beta_2 x_2 + \cdots + \beta_n x_n = \beta_0 + \boldsymbol{\beta}^{\mathrm{T}} X$$

其中，$\boldsymbol{\beta} = (\beta_1, \beta_2, \cdots, \beta_n)^{\mathrm{T}}$。

给定一组具体数值 y_i 和 $X_i = (x_{i1}, x_{i2}, \cdots, x_{in})^{\mathrm{T}}$，$i = 1, 2, \cdots, m$，这叫作训练集。于是，寻找一个函数 $f()$ 的任务就转变成寻找一组参数 β_0 和 $\boldsymbol{\beta}$。那么，什么样的参数是合理的？或者说如何评判最后找到的函数 $f()$ 是最优的？

一个直观的想法是：使训练集中每个数值 X_i 代入函数 $f()$ 计算出的值，与 y_i 的误差总和尽量小。这是没错的，不过，为了计算方便，我们把这个想法等价地表示成如下称为损失函数的形式：

$$L(\beta_0, \boldsymbol{\beta}) = \frac{1}{2m} \sum_{i=1}^{m} (f(X_i, \beta_0, \boldsymbol{\beta}) - y_i)^2$$

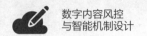

这个简化的机器学习问题就转化为下面的最优化形式：

$$\min_{\beta_0,\boldsymbol{\beta}} L(\beta_0,\boldsymbol{\beta})$$

寻找参数 β_0 和 $\boldsymbol{\beta}$ 的过程，我们称为模型训练。一个基础的算法是梯度下降算法。基本步骤如下。

（1）随机选择一组参数 β_0 和 $\boldsymbol{\beta}$，作为初始值。

（2）计算 $L(\beta_0,\boldsymbol{\beta})$。

（3）按下面的梯度公式，计算新的一组参数：

$$\beta_j=\beta_j-\alpha*\frac{\partial}{\partial\beta_j}L(\beta_0,\boldsymbol{\beta}),\quad j=0,1,\cdots,n$$

（4）重复计算损失函数，直至达到收敛条件。

步骤（3）中公式的意思是说，在原来选择的参数"附近"（由公式中的 α 表示，称为步长），沿损失函数构成的曲面切平面（二维情形下就是切线，由公式中的偏导数表示）上任意再找一点，作为新的参数。

以上描述了回归分析的基本原理。可以把整个过程总结成图 3.15，这样便于读者理解。

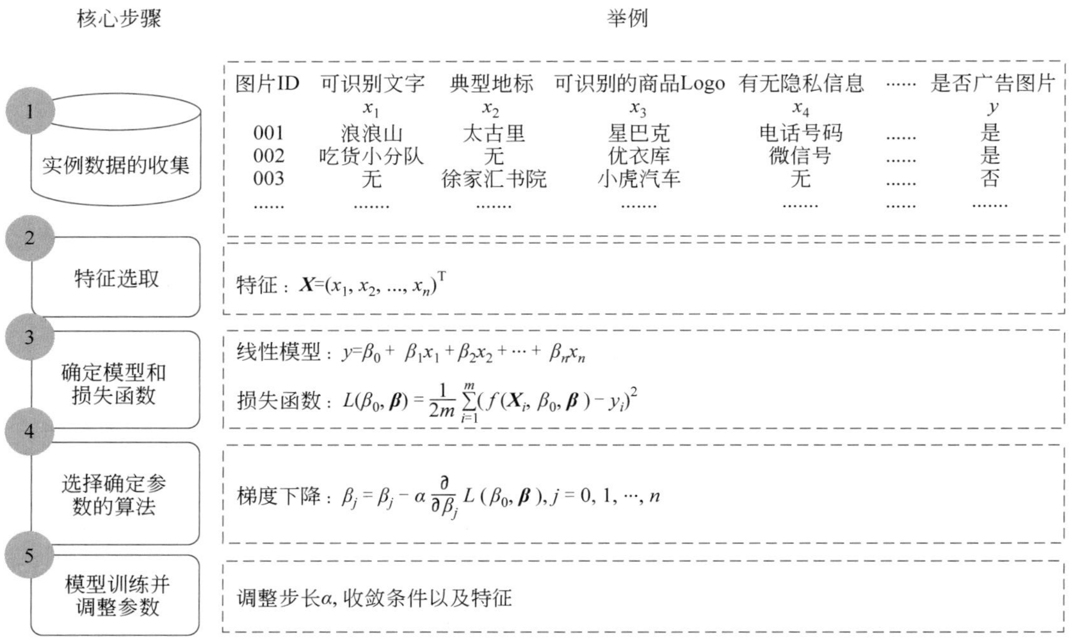

举例

图片ID	可识别的文字 x_1	典型地标 x_2	可识别的商品Logo x_3	有无隐私信息 电话号码 x_4	...	是否广告图片 y
001	浪浪山	大古里	星巴克	微信信号	...	是
002	吃货小分队	无	优衣库	电话号码	...	是
003	无	徐家汇书院	小虎汽车	无	...	否
...	......	......	......	......	...	

特征：$\boldsymbol{X}=(x_1, x_2, \cdots, x_n)^T$

线性模型：$y=\beta_0 + \beta_1 x_1 + \beta_2 x_2 + \cdots + \beta_n x_n$

损失函数：$L(\beta_0, \boldsymbol{\beta}) = \dfrac{1}{2m} \sum\limits_{i=1}^{m} (f(\boldsymbol{X}, \beta_0, \boldsymbol{\beta}) - y_i)^2$

梯度下降：$\beta_j = \beta_j - \alpha \dfrac{\partial}{\partial \beta_j} L(\beta_0, \boldsymbol{\beta}), j = 0, 1, \cdots, n$

调整步长 α，收敛条件以及特征

核心步骤

1 实例数据的收集

2 特征选取

3 确定模型和损失函数

4 选择确定参数的算法

5 模型训练并调整参数

图 3.15 机器学习之回归分析的基本步骤

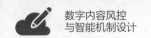
图 3.15 中的第一步——实例数据的收集要求每条待训练的实例数据都有输入（特征）和输出（标签），这样的机器学习方法称为监督学习。监督学习可以解决绝大多数的回归和分类问题，是数字内容风险识别应用中最广泛的一类机器学习方法。

同时，监督学习要求有输入/输出的完整训练集，这也是它的缺点。在实践中，人工打标签的时间成本很高，很难应对风险内容多变的特点。3.3.6 节将讨论机器学习模型的迭代效率提升的主题。

如果实例数据没有输出的标签，那么这样的机器学习方法称为无监督学习。其学习训练过程与图 3.15 有很大不同，3.3.2 节将讨论无监督学习中应用最广泛的一类——聚类分析。

图 3.15 中的第二步——特征选取在实操中是一项很重要也很"重"的工作。机器学习领域有一句老掉牙的话"数据和特征决定了机器学习的天花板，而模型和算法只是逼近这个天花板而已"，可见特征选取的重要性。这部分工作既需要手动设计完成，也需要大量应用背景的知识，还需要使用统计上的、物理上的，以及其他数据变换的工具，所以称为特征工程。特征工程的目标是找到与标签有关的变量，既不遗漏掉重要特征，又不加入无关特征干扰训练效率和性能。这是机器学习任务的主要瓶颈。3.3.3 节将讨论深度神经网络（DNN），利用 DNN 可以极大地消除寻找特征的麻烦。

3.3.2 聚类分析

无监督学习与有监督学习的最大区别是，有监督学习输出变量之间的关系，而无监督学习输出的是数据结构或分布。聚类分析是最典型的无监督机器学习方法之一。

给定平台用户的属性数据和在平台上活动的行为数据（见表3.4），如何从中识别出哪些用户"不正常"。这就需要用到聚类分析的方法，注意聚类分析只能输出哪些用户的行为与大多数用户有区别，并不能认定这些用户一定会发布有害内容。后者需要进一步确定。

表3.4　一组用户属性数据和行为数据的示例

用户 ID	注册时间	注册 IP	首次发帖时间	首次发帖类型	有无违规记录	......
001	2019.5.2	*******	2021.11.23	体育	无	......
002	2019.5.3	*******	2021.11.23	体育	无	......
003	2018.2.1	*******	2018.10.23	饮食	有	......
004	2022.1.1	*******	2022.8.23	政经	无	......
005	2021.12.2	*******	2022.3.30	旅游	无	......
......	......	......	......	......	......	

针对表3.4所示的用户信息，我们的目标是从中识别出异常的用户。而识别出异常用户的假设前提是：异常用户存在与正常用户有差异的属性（如用户名称、头像等）和行为（如浏览、发布内容等）。因此，一个直观的方法是尽可能多地收集用户的行为数据，经清洗

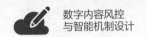
处理后形成结构化的多维向量,然后对其进行聚类。

针对多维向量的聚类方法有很多,这里只简单介绍两种最基础的方法——K-Mean 聚类和层次聚类。

1. K-Mean 聚类

K-Mean 用户聚类中有一个重要概念是中心用户。假设存在某个虚拟用户,它对应的多维向量的各分量分别是某聚类用户向量各分量的平均值[1],那么这个用户就称为这个聚类的中心用户。也就是说,中心用户与该聚类中每个用户的距离都不会太远。关于多维向量之间的距离,通常有如下几种。

(1)欧几里得距离(Euclidean Distance)。如表 3.4 中的用户 001 和 002,他们归一化后的多维向量分别为 $(x_1, x_2, \cdots, x_n)$ 和 $(y_1, y_2, \cdots, y_n)$,则两者的欧几里得距离为

$$\sqrt{(x_1-y_1)^2+(x_2-y_2)^2+\cdots+(x_n-y_n)^2}$$

当用户的特征特别多(即 n 很大)时,这个距离对向量中的某个显著大或显著小分量值比较敏感,容易造成度量偏差。

(2)曼哈顿距离(Manhattan Distance)。还以上面的用户为例,曼哈顿距离表示为

---

1 类似公共经济学中的"中间投票人",是最中庸的一类选民。

$$|x_1-y_1| + |x_2-y_2| + \cdots + |x_n-y_n|$$

曼哈顿距离的特点与欧几里得距离互补，它的计算结果对向量中某个比较显著大或小的值不敏感。

（3）汉明距离（Hamming Distance）。将向量转换成二进制后，两个等长字符相互转换需要的步骤。

（4）余弦距离（Cosine Distance）。以两个代表用户的向量之间的夹角余弦值作为度量。按上面的例子，两向量的余弦距离可表示为

$$\cos\theta = \frac{x_1y_1+x_2y_2+\cdots+x_ny_n}{\sqrt{x_1^2+x_2^2+\cdots+x_n^2} + \sqrt{y_1^2+y_2^2+\cdots+y_n^2}}$$

实操中使用哪种距离，可通过 A-B 实验进行评估。

有了距离的定义，K-Mean 用户聚类就是为了寻找海量用户中的中心用户。下面是 K-Mean 用户聚类的基本步骤。

Step 1. 确定 K 值，即需要把用户有效地分成多少部分。有一些确定 K 值的数值方法，但摆弄数据的味道有点重，实际意义不大。最有效确定 K 值的方法是人工抽取小样本进行分析总结。

Step 2. 定义 K 个中心用户，可以是随机的，也有一些初始化

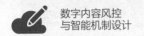
的算法。

Step 3. 分别计算其他用户与这 K 个中心用户的距离。

Step 4. 将每个用户按照距离最近原则分配给这 K 个中心用户中的一个。

Step 5. 重新计算并确定每个聚类的中心用户。每个聚类的中心用户是通过计算该聚类中所有用户数据点的平均位置得到的。

Step 6. 重复 Step 3 至 Step 5，直到每次迭代时中心用户不再显著变化。

2. 层次聚类

K-Mean 聚类需要事先确定用户要分成几类，除用人工抽样分析总结分成几类比较合适外，也可以采用层次聚类的方法。

层次聚类法与 K-Mean 聚类法类似，也是通过中心用户作为一个聚类的用户代表。但是，层次聚类是从 N 个聚类开始的，即一个聚类只有一个用户。其基本步骤如下。

Step 1. 每个用户为一个聚类，总共有 N 个聚类，每个用户也是自己聚类的中心用户。

Step 2. 计算中心用户之间的距离，并将距离最小的两个聚类合并成一个聚类。

Step 3. 重新计算每个聚类的中心用户。

Step 4. 重复 Step 2 至 Step 3。

Step 5. 直到出现只包含 N 个用户的一个聚类，停止计算。

经过上述步骤，得到一个多维的树状图，类似图 3.16。

根据经验，我们确定用户与用户之间的距离为多少被划分为一个聚类是合理的，在图 3.16 中用虚线表示，则可以确定将用户分成几类。

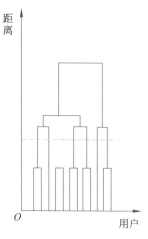

图 3.16　层次聚类树状图示例

3.3.3　深度学习

回归分析和聚类分析是传统机器学习的基础。但是，随着这些方法在各种领域的应用，会发现这些方法在很多场景下并不奏效，无法实现真正的智能。2006 年，加拿大多伦多大学教授 Geoffrey Hinton 对传统神经网络算法进行了优化，提出深度神经网络（Deep

Neural Network，DNN）的概念。2012 年，业界知名的 ImageNet
图像识别大赛中，基于深度神经网络构建的 CNN 网络 AlexNet 夺
得冠军，效果远好于第二名所采用的 SVM 方法。从此，深度学习
一战成名，迅速在工业界广泛应用，尤其在图片识别、语音识别和
语义理解等领域大放异彩。

1. 神经网络

深度学习的内核仍然是神经网络，前面讨论的回归分析就是
一种最简单的单层神经网络。回忆一下，我们用回归分析得到 $y = f(X, \beta)$，其中 X 是输入，β 是训练出来的参数值，y 是输出，f 是具
体函数形式，如图 3.17 所示。

模拟的函数 $y = f()$ 被称为神经元。如果有多个神经元，某些
神经元的输出作为另一个神经元的输入，并形成有层次的网络结构，
这就是神经网络。

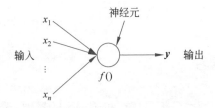

图 3.17　一个单层的神经网络

举一个例子。机器学习应用最成功的一个领域是互联网广告展
示中对广告点击率的预测。比方说，我们把广告被点击的因素分成

三类: 用户因素 (X_1)、网页因素 (X_2) 和广告创意因素 (X_3)。每个因素又受若干变量的影响, 这样就形成如图 3.18 所示的神经网络。

　　输入层的变量是用来解释"广告是否被点击"的众多因素, 输出层是广告在这些因素下被点击的概率。中间的隐含层则是通过多层以及每层多个神经元构成预测的网络。从数学的角度讲, 神经网络就是一个多层嵌套的复合函数:

$$y = f(h_1(x, \alpha), h_2(x, \beta), h_3(x, \gamma), \cdots)$$

或者更复杂和一般的情形是

$$y = f_1(f_2(f_3 \ldots (f_n(X, \beta) \cdots)))$$

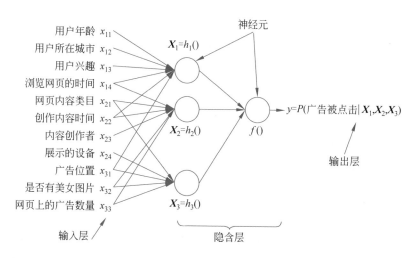

图 3.18　一个关于广告点击率预估的标准神经网络

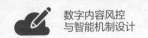
2. 深度学习介绍

学者很早就发现，传统的神经网络中间加入很多隐含层后，预测的效果会更好。但是，加入很多隐含层后，如果训练方法还如 3.3.1 节中介绍的那样，效率会很低，以至于无法完成。这就是神经网络算法雏形在 1943 年就提出来了，但直到 21 世纪初才在应用上爆发的根本原因。

回顾一下 3.3.1 节的训练方法：随机给一组参数，通过当前网络计算其输出值，根据输出值与标签值之间的差异（即损失函数）更新参数重新计算，直至达到收敛条件。可以看到，这种训练方法是有监督的学习（需要事先给数据做标签），当隐含层很多时，就会造成计算量过大，根本无法训练。另外，隐含层过多也容易造成局部最优的陷阱。

直到 2006 年，深度学习之父 Geoffrey Hinton 提出一种全新的训练方法才解决了隐含层多带来的问题。Hinton 提出的方法如下。

（1）无监督训练初始化参数值：将原始信号（例如 RGB 像素值）直接作为输入值，无须创建任何标签或特征，通过多层神经网络在每一层产生适当的特征。

（2）有监督训练进行参数调整：自网络顶层向下进行有监督的参数训练。

这种方式因为可以应用在有很多隐含层的"深度"神经网络中，所以称为深度神经网络（Deep Neural Network，DNN）。它虽然貌不惊人，但在很多传统机器学领域无能为力的地方提供了非常好的预测效果，极大地消除了传统机器学习中寻找特征工程的烦琐工作。

DNN 也有许多不同的变种，比如卷积神经网络（Convolutional Neural Network，CNN）和生成对抗网络（Generative Adversarial Network，GAN）常用于图像识别领域；递归神经网络（Recursive Neural Network，RNN）和长短期记忆（Long Short Term Memory，LSTM）网络常用于语音识别和文字识别。

这些统称为深度学习（Deep Learning）。请读者参考相应机器学习材料进行学习，本书不再详细展开。

3.3.4　色情图像识别

色情图像是网络内容中最普遍的一类有害内容，因此色情图像的识别能力是内容平台普遍需要建设的智能风控能力之一。

综合目前各平台的色情图像治理方案，共有如下四类识别方法。

1. 皮肤区域识别

这一方法应用的理论假定是：色情图像包含大比例暴露的皮肤

区域。如果我们能识别图像中的皮肤区域，则可以根据皮肤区域的大小判断图像是否为色情图像。

每幅图像中的任何一个点都有三个属性，即色相（Hue）、饱和度（Saturation）和亮度（Brightness）。我们可以分析大量有皮肤裸露的图像，给出皮肤区域这三个值的定义区间。

比如，我们将满足下面属性的像素点定义为皮肤像素点：$0 < H < 0.25$，$0.15 < S < 0.9$ 和 $0.2 < B < 0.95$。如果皮肤像素点占所有像素点的比例很高时，则认为该图像为色情图像。

当然，也可以采用图像的 YCbCr 格式或 RGB 格式定义皮肤。

该方法应用简单，易理解，可以识别有嫌疑的色情图像，但是缺点是误判率比较高。像"正常的女性泳装照""男性裸露上身""裸体婴儿"等均会误判为色情图像。因此需要配合其他手段（比如性别和年龄的识别，以及作者标签等）综合判断。

2. 机器学习识别

如 3.3.1 节 ~3.3.3 节介绍的机器学习方法。对于一幅图像，我们可以定义 3 类标签："正常""性感""色情"。在大量标注样本后，我们可以采用多个分类模型（如 SVM、AdaBoost、KNN 及随机森林等）进行训练，从中选择效果最好的模型。

当然，也可以借助深度卷积神经网络对图像进行训练，将其转换为基于深度学习的图像分类。

机器学习方法，尤其是深度学习方法的准确率和鲁棒性均比皮肤区域识别好很多，但是需要海量标记样本。

3. 用户行为挖掘

除了单纯从图像上识别色情内容外，发布色情图像的用户与其他用户在平台上的行为也有很大的不同。借助这一点，可以对平台用户积累的历史行为数据进行数据挖掘，找出少数色情图像发布者这样的离群点。

具体方法可采用 3.3.2 节介绍的聚类分析。

4. 图像指纹库比对

用户发布的色情图像大部分是重复的，即其他用户曾经上传过。基于这一特点，还可以建立色情图像库，让用户上传的内容与色情图像库进行比对，若有相似或相同的图像，则一定是色情图像。

通常，色情图像库存储的不是色情图像原图，而是图像指纹。所谓图像指纹，是对图像应用一个 Hash 函数，然后基于图像的视觉计算出一个图像 Hash 值。相似的图像也应当有相似的 Hash 值（图像指纹），这就是这个方法奏效的理论基础。如果发现新的色情图像，则将其加入色情图像库进行更新。

这种方法效率极高，适合于网盘内容的色情图像识别。而对于直播等内容形式，由于新的色情内容形式比较多，所以图像指纹库比对的方法不适用。

3.3.5　风险词表转模型

机器学习方法往往能够获得比过滤词表更好的效果。但是，建立一个有效的模型和实施时间要长很多，通常以月为单位进行新模型的构建或线上模型的迭代。因此，风险词表过滤和机器学习模型的综合联动机制在大型内容平台是一个标准配置。

在遇到紧急情况需要马上控制某些风险时，最快的方法当然是使用风险词表过滤，快速全面拦截风险。但是，这些新加入的过滤词多数情况下有较高的误杀率。若只管添加，不管后续跟进监测、评估和优化处理，那么风险词产生的副作用会不断积累，小则影响作者或客户的体验，大则成为公司业务发展的阻碍，风控部门与业务部门的矛盾往往由此而生。

后续持续监控过滤词表的效果数据，若误杀较高，则发起"词表转模型"的流程，使用机器学习模型替代风险词表，获得更高的过滤准确率。

1. 风险词表和机器学习模型的关系和区别

什么类型的风险词表转化成机器学习模型有更好的效果？

表 3.5 给出了风险词表和机器学习模型的关系和区别。

表3.5 风险词表和机器学习模型的关系和区别

	简 述	优 点	缺 点
风险词表	从数据分析中较容易发现重复性高的规律	从少量的样本分析中即可找到规律，且用简单的表达式描述，短平快	容易被用户对抗，精度高但召回不足
机器学习模型	通过机器学习进行分类	召回效果好，复杂场景更有优势	依赖大量的数据标注和较复杂的分析工作，迭代效率差

下面两个实例可进一步说明。

2. 极限用语

在政府的广告监管实践中，对商业广告内容出现极限用语保持零容忍的态度。《中华人民共和国广告法》第九条规定了广告中不得使用"国家级""最高级""最佳"等用语。但是，由于极限用语对消费者强烈的吸睛作用，因此不断会有广告主尝试各种替代描述（如图 2.9 所示）。

比如，在广告中的下列表述，常常被各地市场监督管理部门判定为触犯"极限用语"：

（1）全国首款。

（2）全国第一，或郑州第一，或六大城区唯一。

（3）顶级装备或国际顶级品牌材料。

（4）日本最高端或世界顶级技术。

（5）拥有世界级先进研发设备。

（6）全宁波触底价。

（7）我们拥有最齐全、最前沿的手工资源。

（8）供应钎焊机——供应最便宜的车刀焊接机。

（9）深圳中考复读第一品牌。

防止极限用语的使用，平台最容易采取的措施是将发现的极限用语加入风险词表。这种做法立竿见影，包含极限用语的商业广告立刻就被限制了。但是，这种做法也是一种毒药。被限制发布的广告客户一部分会扩展自己的想象力，不断试探风险词表的限制范围。平台不得不被动地增加新的风险词。随着平台业务的发展，风险词会越来越多。而且，更严重的是，风险词精确限制的召回效果越来越差。这会引诱平台风控部门逐渐放大召回的范围，从风险词的精确限制转变为模糊匹配。风险召回虽然提升了，但是打开了潘多拉的盒子，误伤的商业广告越来越多，使平台的商业变现受到严重影响。

事实上，从语义上分析，使用极限用语的这些描述可以归为"夸张性描述"。这是可以通过机器学习训练模型，实现对描述用语进行分类。通过平台积累的大量标注数据训练出极限用语的分类模型。在实践中，这些分类模型在线上应用的效果要远好于风险词表的应用。

3. 医疗药品

风险词表中的所有词是不是都应该转化成机器学习模型处理？显然不是。

医疗药品内容的推广风险是无资质客户进行商业推广。同时，医疗药品是一个可枚举的有限集合[1]。因此，利用"可枚举药品名称"+"药品生产许可证"就可以有效地限制住无资质客户的商业推广内容（参见图3.8）。在这里使用机器学习模型是没有必要的。

同样，进一步分析审核的数据，还可以总结出很多可以模型化的类型，比如商标，可以通过语义理解的方式识别是不是商标，减少中文分词带来误伤等。在这一过程中，数据监控和持续运营非常重要，只有对词表过滤的数据进行细致分析，制定相应的优化措施，推动贯彻执行，才能整体获得最优效果。

1　《中华人民共和国药典（2020年版）》共收录5911种药品。

3.3.6 构建或迭代效率

虽然机器学习模型在风险识别上有极高的效率，但建设机器学习模型的效率却很低。如果把前者比作高速公路，那么后者则是坑洼泥泞的乡村小路。这个比喻并没有很过分，图 3.15 只是给读者呈现了建设一个机器学习模型的核心步骤。为突出核心问题，我们忽略了中间一些必须由人工参与的手拉肩扛的步骤。实际上，这些步骤并不能跳过，它们是影响效率的主要因素。

1. 完整的机器学习过程

图 3.19 呈现了一个机器学习模型建设的完整过程。

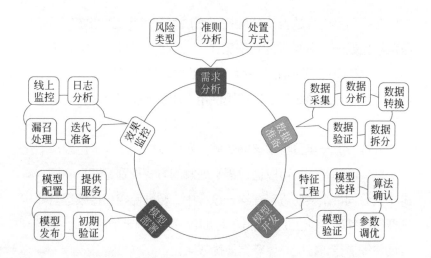

图 3.19　风险识别机器学习模型的完整建设过程

从图 3.19 可以看到，除模型开发的步骤外，建设一个机器学习模型还需要需求分析、数据准备、模型部署和效果监控等必不可少的步骤。在实际过程中，这些步骤并非线性进行的，会不间断地往复进行。其中，需求分析和数据准备是耗时最久的两个环节。

需求分析是机器学习的第一步，对风险识别而言是最关键的一步。在这一步，要回答清楚下面 3 个问题。

（1）风险识别的对象及界定是什么？裸体形象，还是不雅动作？需要如 2.2 节介绍的那样，明晰识别对象的风险准则。

（2）这些识别对象是否有其他更有效的识别方式？是否有足够多的样本采集？比如 3.3.5 节提到的医疗药品识别使用风险词表会更加有效。

（3）识别之后的处置方式是什么？直接拒绝，还是人工复核？这会影响机器学习模型算法的选择以及参数阈值的调整。

数据准备更加耗人、耗时。数据准备不只是收集和标注数据（虽然样本采集和标注也不那么简单），它还包括数据清洗和数据的自动生成。数据清洗包括缺失值的补全（可以有自动化的处理方法）、离群点的处理和特征归一化等。如果真实数据比较少，还可以自动化生成模拟数据，用来扩展训练数据集。自动化生成数据可使用对抗神经网络（GAN）以及强化学习来优化参数，使生成的数据更有效地助力模型的训练。

模型开发可以采用所谓的自动机器学习技术（AutoML）。自动机器学习技术可以解决风险识别模型众多与机器学习专家较少的矛盾，使得产品经理等非技术专家即可进行机器学习模型的开发。自动机器学习技术可以在如下任务场景下进行自动化处理。

（1）自动化数据清洗和预处理。自动生成模拟样本数据、自动补全缺失数据，以及自动进行离群点的处理。

（2）自动化特征工程（Auto FE）。自动选择和构建合适的特征。

（3）自动化模型选择。自动将常用模型逐一尝试后选出最好的模型或其组合。

（4）自动优化模型超参数。用搜索的方式找到最优的参数。

（5）自动进行神经网络架构搜索（NAS）。通过算法和样本集自动设计出高性能的网络结构，在某些场景可以媲美机器学习专家的水平，甚至发现某些人类之前未曾提出的网络结构。

模型部署和效果监控都需要人工的重度参与。

2. 协同效率

前面提出一个完整的机器学习模型的构建过程，并对每个步骤的效率提升进行了一定程度的探讨。从图 3.19 还可以看到，一个机器学习模型的构建不仅仅是机器学习专家的事情，还要调动很多岗位的人共同参与。比如，样本标注由运营或外包完成，模型验证和监控分析由产品经理和运营经理共同完成等。参与的岗位越多，消耗在工作沟通与衔接中的摩擦成本就越高。这里的摩擦成本包括：

（1）上一个步骤完成后，下一个步骤未能开始的时间成本。

（2）两个步骤之间不同人员的理解成本。甚至理解不同，会造成任务的返工。

所以，降低这两个成本，可以使构建机器学习模型的效率大大提升。

我们的基本思路是，先建立一个线上的模型生成平台，使机器学习构建的所有步骤线上化，然后辅以各种策略实现自动化。在理想状态下，这个平台可以实现产品经理甚至对机器学习知识完全不懂的运营人员自助迭代并优化模型。图 3.20 是这一思路的一种产品架构示意图。

图 3.20 中的风险治理事件库是我们在 2.1 节提到的概念，3.3.7 节

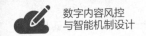
会对其进行充分讨论。这里读者只要知道，这是一个字段或标签丰富的风险事件集合即可，这是机器学习模型进行训练的样本来源。

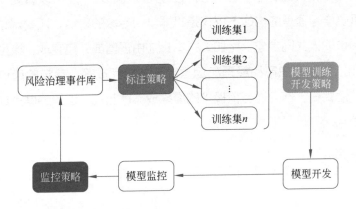

图 3.20 机器学习模型的半自动化构建与迭代

标注策略可以从风险治理事件库的风险标签组合等给出哪些事件需要进行人工标注，进而形成机器学习模型的训练集。有了这个策略，就可以降低人工判断在这个环节的摩擦成本。模型训练开发策略是基于训练集的数据以及其他信息判断是否启动某风险识别模型的迭代与构建。监控策略则是将线上漏召的风险案例自动加入风险治理事件库的策略，这部分内容将在 3.4 节事件管理中进行介绍。

总之，平台是通过将风控部门的协同效率提升而实现机器学习构建或迭代效率提升的。

3.3.7　误杀处理

内容风险识别造成的误杀大致有以下 3 个来源。

（1）风险准则模糊。比如"露腋毛""伸出舌头的大图"是"不雅观"吗？这些都是主观性非常强的判断。每个人给出的答案不太一样。当内容风控部门制定准则和策略时，出于谨慎考虑，会本能地倾向严格执行，所以误杀是大概率要发生的。因为从平台的内容风控管理机制看，一旦风险暴露，就会受到相应惩罚，但是误杀却只是部门之间协调的问题。

（2）缺少附加规则。3.2.3 节指出附加规则可以降低误杀。如果在内容风控系统中缺少相应的附加规则，就容易造成误杀。直播业务常常建立基于视频图像理解的色情内容识别系统。一旦识别到主播裸露身体超过一定范围，就会被系统认为是色情内容，系统会及时停播。但是，仅通过识别到主播露出"胸部"，就武断地认为其为色情内容，就很容易产生误杀。此时，如果增加其他维度的信息综合进行风险判断就可以避免误杀。比如主播性别，直播内容标签（如健身、交友等）。

（3）机器学习模型准确率的天花板。这种误杀需要机器学习模型本身能力的提升。但这种提升是有天花板的，人工审核产生的误杀也是如此。

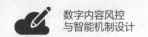
从以上讨论可以看到，风险识别与处置产生误杀是不可避免的。因此，我们要做的是，在不断减少误杀的同时，建立相应的机制处理误杀的案例，使之对业务的影响降到最低程度。

要降低对业务的影响，就要从核心数据的监控入手，及时发现大比例误杀事件。实践中，我们可以监控风险词表或机器学习模型每天的命中数量或比例。如果某天风险内容的拒绝量突增，就应该怀疑有大量误杀产生了。做出这个判断的前提是，每天的内容送审量稳定且内容分布没有大的变化，这种情况下，风险内容占比是稳定的。

一般地，配合这种运营手段的产品设计可以采用熔断机制和白名单。

熔断机制，是指当命中量或拒绝量达到某个影响力阈值时，就停止机器识别的拒绝操作，使之切转到人工审核。同时，快速评估实际误杀率以做进一步决策。

白名单则是在明确知道误杀集中在某些作者、某些内容或某些标签上时，短期可以将被误杀的作者、内容或标签加入白名单，使之豁免掉被某些机器识别的命中。这样就快速实现了不影响正常审核机制的同时，减少了误杀对业务的影响。但是，对这些白名单需要有退出策略，否则日积月累的白名单会成为下一任产品经理的噩梦。

3.4 事件管理

作为一个策略型产品，风险词表具有非常典型的策略产品的演进特点，即产品与用户的策略互动成为贯穿产品演进的主线。当使用简单风险词过滤时，不可避免会产生大量误杀，于是就诞生了众多附加规则。当在附加规则的加持下风险词表逐渐扩大使用范围时，用户开始对抗，我们又引入了变体词识别与规范化模型。随着变体词的扩充、策略的不断叠加，以及时间的延续，风险词表的过滤效率又会成为突出问题，风险词表的管理机制不得不出现在风控的主题中。

如图 3.13 所示，风险词表对平台内部人员而言，只是一个添加风险词的后台产品。风险词的添加步骤一般如下。

Step 1. 社会中出现有关平台的一个风险事件。比方说微博上有人爆料某互联网平台 A 上有低俗内容："虽然做了 10 年家庭主妇，但她风姿依旧，总裁看到她的第一眼，就想进入她的世界""她是高傲的豪门主妇，经过一小时的激烈运动，她终于相信了他"。

Step 2. 这一风险事件进入了 2.1.1 节提到的社会知识范畴，并转化为该互联网平台 A 的一个风险治理事件：微博爆料低俗内容。

Step 3.（可选）这一风险治理事件给了平台 A 的风控部门负

责人很大压力，并通过内部管理渠道将压力层层传导至低阶同学那里。

Step 4. 具体处理该事情的低阶同学根据风险事件中的内容，总结出这些内容中都有"主妇"一词，于是就把"主妇"加入风险词表。

Step 5. 如果加入的这个词没有短时间带来大量误杀和反馈，那么这个词就沉睡在风险词表里了。

从上面的流程可以看到，有三个地方是风险词表管理的软肋：

（1）风险词添加的依据。宏观上是由一个风险治理事件引发，但在微观上为什么落脚在增添一个风险词？"主妇"这个风险词能代表"微博爆料低俗内容"这个风险治理事件所蕴含的全部风险吗？实践中，风险词表极易形成风险治理事件的路径依赖，从而造成风险词表的无限制扩张。

（2）风险词撤出的决策：在互联网公司风控管理的架构下，往风险词表里添加新词的冲动不缺，但撤出风险词的决策却很少见。原因无它，撤出风险词减少误杀换来用户体验的提升是看不见的，而产生的风险却一目了然。风险词就像呼吸机，只要家属同意，医生愿意给病人上呼吸机，但很少有医生做撤掉呼吸机的决定。

（3）每个平台都有风险词表，但很少有公司管理风险治理事件的事件库。我们到底是治理风险事件，还是治理风险词表？把目光放在风险词表完全是舍本逐末。前面提到，风险词表简单，易理解，老板和员工都能在风险词表上找到共同语言。而风险治理事件就没这么好理解了，久而久之，大家的目光都盯在风险词表上，忘记了更重要的风险治理事件本身。

以上三个问题说的是一个事，如何有效组织风险词，以让风险治理事件的目标达成。下面提出一种以"风险治理事件"为核心的风险词表管理方式。读者可以先回顾一下 2.1.1 节的内容，我们曾讨论过的社会知识与风险治理事件。

3.4.1　事件管理方案

基于风险治理事件的风险词管理方案，简称为事件管理方案。具体实现可以有多种方式，图 3.21 给出了其中一种实现模式。

如 2.1.1 节所叙，风险治理事件来源于风险领域的社会知识，这包括法律法规、监管政策、友商动态和舆情风向四个方面。风险治理事件是需要平台根据风险准则进行风险评估，并采取相应人审或机器策略的事件。图 3.21 将平台应对策略与风险治理事件紧密联系在一起，这样做的好处下文会逐渐看到。

图 3.21 左侧的风险治理事件库是平台处理的风险治理事件集合，其存储的风险事件包括事件属性和风险属性两方面。

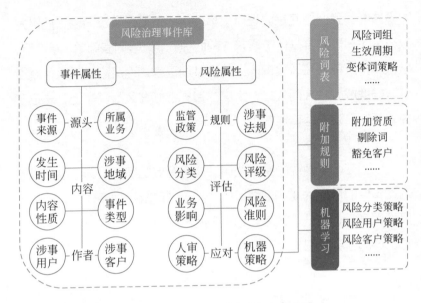

图 3.21　基于风险治理事件的机器策略

（1）风险治理事件库的事件属性描述了风险治理事件的基本内容，包含的风险要素详述如下。

①事件来源指暴露这一风险治理事件的源头，包括政府监管通报或处罚、被侵权客户发来律师函、友商内容传播产生的问题，以及其他平台上的舆情等。

②所属业务指发生风险事件的内容所属的业务。大型互联网公司通常有几十上百条业务线，不同业务线上发生风险治理事件的概率是不同的。

③发生时间和涉事地域其义自明，不作解释。

④内容性质指所属业务产生的内容性质，比如可以分成图文、短视频、社区、评论、商品介绍和广告等。

⑤事件类型指风险治理事件的类型，如社区辱骂、传播色情、宣扬暴力等，事件类型可以与风险类型相同，也可以不同。

⑥涉事用户和涉事客户指创作风险内容的作者或提交方。其中用户指非商业内容的创作者或提交方，客户指商业内容（如广告或电商）的创作者或提交方。

（2）风险治理事件库的风险属性描述了风险治理事件在内容风险领域的基本特征，其包含的风险要素详述如下。

①监管政策指对此风险治理事件政府相应的监管政策。

②涉事法规指此风险治理事件涉及的法律条款。

③风险分类指此风险治理事件在平台内部所属的风险类型。

④风险评级指此风险治理事件在平台内部的风险级别。

⑤业务影响指此风险治理事件对平台业务或社会已经产生的不

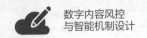
利影响，以及未来可能产生的影响。

⑥风险准则指此风险治理事件触犯的具体风险准则，有可能一个风险治理事件触犯多条风险准则。

⑦人审策略和机器策略是针对此风险治理事件所采取的应对措施。

图 3.21 右侧则是对应风险治理事件的机器策略，分成三部分：风险词表、附加规则和机器学习，对应本章机器识别的三个部分。这样我们就把数字内容风险的防控建立在风险治理事件之上了。

3.4.2　事件管理方案的好处

事件管理方案依赖于风险治理事件库的构建，至于如何自动构建风险治理事件库后面会详细介绍。本节假定已经建好一个具有足够数量的风险治理事件库。这样一个与风控策略关联的事件库不仅可以给我们带来所有策略可追溯的便利，而且是实现数字内容风控智能评估、识别、处置以及创新的基础。

如图 3.21 所示，事件库管理方案不仅可应用在风险词策略上，也可应用在机器学习和附加规则上。所以，以下优势同样可应用在3.4.3 节讨论的机器学习的内容上。

（1）策略监测。当所有机器策略，无论是风险词策略，还是机器学习模型，都有对应的风险治理事件时，对机器策略就有了相对客观的评估和监测准则。如果由于其他系统、策略和产品迭代升级，造成某个机器策略发生变化，也很容易发现，而不至于埋下隐患。

（2）策略退出。有些风险治理事件的影响有时效性（比如案例 1-6 违法广告被处罚事件），当过了时效性后，策略退出是合理的。事件管理方案给策略退出提供了决策依据。

（3）策略复用。当类似的风险治理事件反复发生时，利用事件管理方案可以自动进行策略复用。尤其是多业务线、多行业或多地域业务的平台或针对用户的策略，依据事件库相似事件进行策略复用可实现策略的自动配置。

（4）风险预测。通过分析大量风险事件，利用风险事件之间的关联关系，建立模型预测风险事件的发生，并提前做好策略防范。事件之间的关联关系包括 A 事件是 B 事件的诱因，A 事件必然伴随 B 事件，A 事件嵌套 B 事件，以及周期性发生的风险事件。

3.4.3　风险治理事件库的架构

从技术上看，风险治理事件库是一个大规模事件数据的集成平台。根据风险治理事件数据的来源，可以设计如下的事件库架构（见图 3.22 ）。

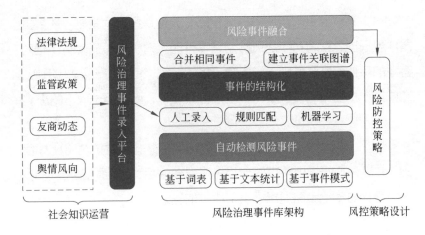

图 3.22　风险治理事件库架构与社会知识运营和风险策略设计的关系

　　风险治理事件库包括自动检测风险事件、事件的结构化和风险事件融合三大部分。

　　（1）自动检测风险事件在技术实现上与风险识别类似，只不过现在的目标不是识别风险，而是识别出相关的风险事件。大致方法有三个方向：基于预设的事件词表检索、基于文本统计的特征方法和基于事件发生模式的方法。前两个方法与 3.2.1 节和 3.2.2 节介绍的类似，读者可以参考使用。基于事件发生模式使用的前提是风险事件发生时往往伴随一些模式特征。例如，重大恶性事件发生后社交平台上网络消息的流量变化，重大体育比赛前的赌博内容流量增加等。这些模式特征是风险事件发生的信号，我们可以通过挖掘风险事件库中大规模历史事件发生的模式特征，形成规则或模型对重点的内容生产源和提交流进行识别和检测。

（2）事件的结构化是指将自动或人工检测出的风险治理事件按照一定逻辑拆分成精细化的事件要素和风险要素，以方便接下来机器自动化处理。图 3.21 中显示了一种结构化的结果。这一步骤可以分成人工录入和机器自动抽取两种方式。人工录入没什么可讨论的，在这里不表述了，我们重点讨论一下机器自动抽取的方式。与自动检测风险事件不同，机器自动抽取技术需要对所有的事件要素和风险要素进行识别，具体包括以下三个步骤。

①文本理解。风险治理事件的描述文本经句法成分分析分割成独立语义的文本单元，这是自然语言处理（NLP）的能力。

②要素解析。识别一个具体的风险治理事件包括的事件要素和风险要素。

③要素匹配。按照预先设定好的风险治理事件结构，用文本理解得到的文本单元匹配解析出来的要素值。其中可能涉及内容的转换，比如根据文本内容对应相应风险等级，则需要转换到风险等级标准中，如图 3.23 所示。

很明显，上述方法将该问题表示成了匹配问题。因此，可以应用基于规则匹配和机器学习的多种匹配方法，关于机器学习的一般方法，可以参看 3.3 节的介绍。

（3）风险治理事件库中的数据由于来自不同的数据源，因此在

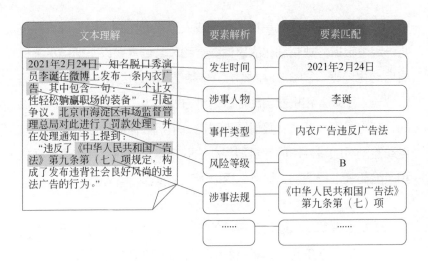

图 3.23　风险治理事件结构化的三个步骤

实践中会存在大量重复及无效数据，需要及时清理。同时，多个事件之间并非一条独立的数据，而是事件之间有各种关联关系，需要进行标注处理。这就是风险治理事件库建设的第三部分——风险事件融合。

风险事件融合要自动进行需要两方面的技术支持：一是所谓的共指事件合并技术；二是事件图谱生成技术。

共指事件合并技术本质上是文本查重能力。结合风险治理事件库，一种方式是结合事件要素和风险要素的重合度检查判定两个事件的同一性，适用于事件数据完整的情形。另一种方式是基于文本特征的统计学方法进行动态聚合，适用于事件数据不断增加的动态场景[1]。想要了解细节的同学，可以参考本页脚注的文献。

事件图谱生成技术基于这样一个前提：风险事件之间具有某种逻辑关系，这包括：

①序列关系。如示威事件后发生冲突事件、上海外滩新年活动后发生踩踏事件等。

②并列关系。例如，2015 年法国巴黎系列恐怖袭击事件、"阿拉伯之春"连续爆发民主活动等，通常这些事件具有相似的特征。

③因果关系。如灾难事件后发生救援事件、萨德入韩事件后国内抵制乐天等，先发生的事件是后续事件的直接原因。

在风险治理事件库中，可以通过将一系列具有逻辑关系的事件数据关联融合，生成蕴含更丰富语义信息的事件图谱，并作为整体进行风险防控策略的制定。

---

1 Jun Araki, Eduard Hovy, Teruko Mitamura. Evaluation for partial event coreference[J].
Proceedings of the Second Workshop on Events: Definition, Detection, Coreference, and
Representation, 2014: 68-76.

第 4 章

人 工 审 核

04

机器识别在效率上固然有其优越性，但并不能包打天下。机器识别的有效性依赖一些较严格的条件，比如风险准则描述清晰、负样本易大量获取等。即使满足这些条件，风险识别效果（用准确率和召回率衡量）通常也和人工审核有明显的差距。况且，在一个持续运转的系统中，用户或客户的对抗行为是永远存在的，在对抗行为的反馈时效性上，机器的敏感性远远低于人。所以，至少在现阶段，数字内容的风险识别还不能完全脱离人工的参与，甚至某些内容（比如直播）的风控，人工审核还占据着举足轻重的位置。

本章开篇 4.1 节先介绍人工审核的主要执行者——审核员，以及为提升审核员效率而设计的智能化培训学习系统。4.2 节介绍为审核员进行风险识别赋能的主要工具——人工审核系统。接下来的两小节介绍有效管理审核员的系统化支持方法——智能调度系统，其中对送审内容的调度在 4.3 节任务分配中介绍，对审核员的调度在 4.4 节智能排班中介绍。4.5 节是关于人机协同的主题，包括相似命中审核和机器识别提示等。

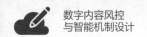
4.1　审核员及培训系统

4.1.1　审核员画像

人工审核是指通过培训审核员，使得风险准则形成审核员认知，然后由审核员逐一识别送审内容中的风险。

审核员，在中国官方的正式名称叫作"互联网信息审核员"，作为一个工种于 2020 年 5 月被官方正式设置在"网络与信息安全管理员"这一职业之下[1]。但是，直到 2022 年春节，"B 站审核员猝死"的事件[2]在网上发酵，审核员这个岗位才逐渐浮出水面。

随便在一个招聘软件上搜一下"信息审核员"或者"内容审核员"（见图 4.1），就可以了解到该岗位的薪资水平为月薪几千元，即使在北京这样的特大城市，也仅在万元上下。据北京市人力资源和社会保障局公布的数据，2021 年北京市职工月平均工资是 13876.08 元。所以，审核员这个群体淹没在社会平均工资线之下，躲在互联网光环背后的阴影里。

1　详见中华人民共和国人力资源和社会保障部官网。

2　2022年2月7日，网友在微博爆料称B站武汉AI审核组组长疑似春节加班期间猝死。2月8日晚，B站官方微博账号对相关网传情况做出回应称，2月4日下午，内容安全中心员工"暮色木心"在家中突发脑出血，后因抢救无效离世，春节期间其与所带领小组每天工作8小时，做五休二。

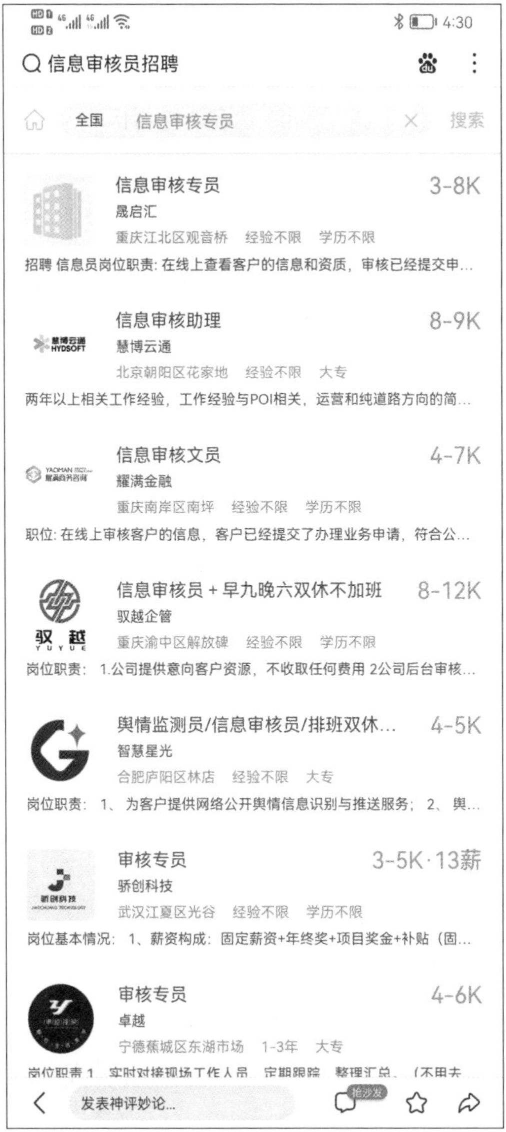

图 4.1　在某招聘软件上搜索“信息审核专员”

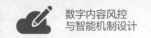

他们身处热闹的互联网风口，但法律上劳动关系大多数却不属于这些互联网公司，而是属于互联网公司的供应商。在这种制度下，很少有人能长期工作。这样的岗位流动性极高，互联网大厂几乎常年都在招聘审核员。

审核员像流水线上的一道工序，待审核的内容流到他们这里，他们就用自己培训后对风险准则的认知做出判断，机械地操作一下鼠标。

至于这些审核员的数量有多少我们并没有严格统计。B 站招股书显示，到 2020 年年底，B 站内容筛选团队约有 2400 名员工，占总员工数的 25% 以上。由此可以推断出业务相近的互联网公司中审核员的数量：字节跳动 15000 人以上，快手 6000 多人，小红书 1000 多人，等等。甚至像汽车之家、58 同城和得物等这样的垂直互联网公司，也有为数不少的审核员队伍。

为使读者对这个群体画像有个初步了解，我们找了一些相关内容的关键词制作了图 4.2。这对 4.2.2 节将要介绍的人工审核系统设计有重要意义。

这里强调一下，图 4.2 表达的是群体概念，不针对任何一个具体的审核员，更没有贬低任何一个人或这个职业的意思。

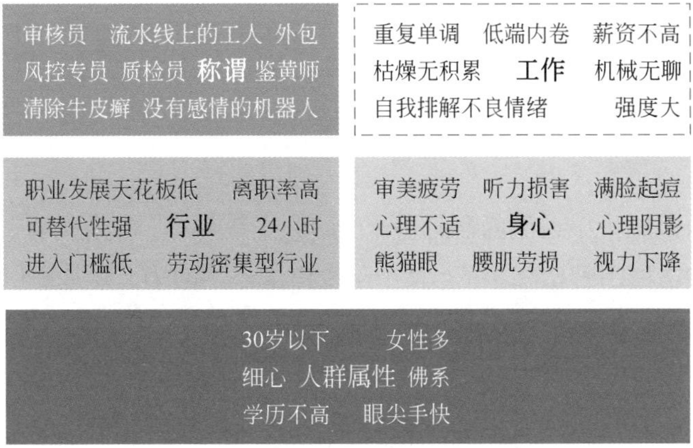

图 4.2　审核员的人群画像

4.1.2　审核员培训系统

图 4.2 所示审核员画像中有一个标签是"离职率高"。正因如此，互联网公司不仅要常年招聘，而且要常年培训。因此，一套易用高效的审核员培训系统是数字内容智能化风控的题内之意。在介绍审核员培训系统的设计之前，需要知道如何评估这套系统的有效性。

1. 审核员培训的价值评估

通常把人工审核这一环节看成一个封闭的经济系统，这个经济系统的成本投入就是一定数量的审核员，而产出则是正确有效的审核量。

假设每 1 万个单位的内容审核量所需要的审核员数量为 L，这些审核员累计审核过的内容数量总和是 N，那么 L 和 N 之间存在如

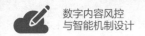
下的关系：

$$L=A+B\times N^{-\alpha} \qquad (4\text{-}1)$$

审核员审核过的内容越多（N 越大）越熟练，则每万单位内容需要的审核员数量越少（L 越小），这是符合常识的。式（4-1）中的 A、B 和 α 是参数，它们的含义描述如下。

当所有审核员都是有 10 年以上经验的老员工时，他们累计审核过的内容数量很大，即 $N \rightarrow +\infty$，$L = A$，即参数 A 表示经济系统需要投入审核员的最小数量。

当所有审核员都是新人，刚开始审核第 1 个内容时，$N = 1$，$L = A + B$，即参数 $A + B$ 表示最多需要投入的审核员数量。

这两种极端情形中间所要投入的审核员数量受第三个参数 α 影响。当 α 固定时，N 越大，表示团队中熟练的审核员越多，所需要投入的审核员数量 L 就越少，如图 4.3 所示。

因为审核员在不断的审核实践中，所以不可避免地会思考、探索和尝试改进审核方法和路径。在其他因素不变（如审核工具、培训条件等）的情况下，审核员即可通过"干中学"使审核效率提升。所以，我们把图 4.3 所示的曲线叫作审核员学习曲线。"干中学"的效果越显著，这条曲线越陡峭。

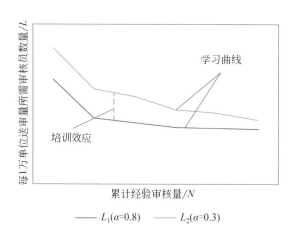

图 4.3　数字内容审核中的审核员学习曲线与培训效应

　　如果增大审核员的培训力量，则在相同情况下需要投入的审核员数量更少，即学习曲线下移，而相应的 α 越大。所以，参数 α 可称为培训效应参数，如图 4.3 所示的培训效应虚线。一般而言，对新审核员的培训效应参数的改变较大，而对老审核员的培训效应参数的改变较小。

　　所以，可以用培训效应参数 α 的改变衡量审核员培训工作的效果。

2. 培训学习系统

　　各个行业都有培训考试系统，审核员的培训系统有什么特点呢？这需要结合前面审核员的画像特征分析。

　　审核员学历不高，主动学习的动机一般偏弱，因此依赖"干中学"产生正向效果的周期就会比较漫长，即图 4.3 中的学习曲线更平缓。

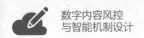
这表明，新审核员和老审核员之间的培训效果差别较小。

审核员岗位流动性大，即图 4.3 中横坐标累计审核量之和 N 不够大。这表明，如果不进行培训，审核员审核效率自发提升的效果有限。

但是，对审核员培训需要投入时间，这一点又受到审核任务强度大的干扰。当审核员面临的任务量大时，专门脱产进行培训学习的时间又不太充分。

解决这个矛盾的关键是让审核员在审核工作中持续学习，发现问题有针对性地进行培训提升。基于这个认识，审核员的培训学习系统应该与审核系统耦合起来形成一个有效闭环，在审核系统里发现问题，在培训学习系统里解决问题。

具体来讲，我们可以利用机器学习能力在审核过程中发现每个审核员知识结构中的短板，建设题库，打上标签。然后，当审核员触发某个培训考试阈值时，系统个性化地推荐审核员进入培训和考试环节，并与上岗审核的资格挂钩，实现自动化地培训学习机制，如图 4.4 所示。

图 4.4 中的抽样策略可以根据审核员在岗时间、历史误过率或误杀率，以及所审核内容易出风险的程度等进行有偏抽样。抽样结果由高阶审核人员进行复审（质量检查），或者用如图 2.11 所示的"背靠背"审核方式进行判断。质量检查的结果一方面返回作为审

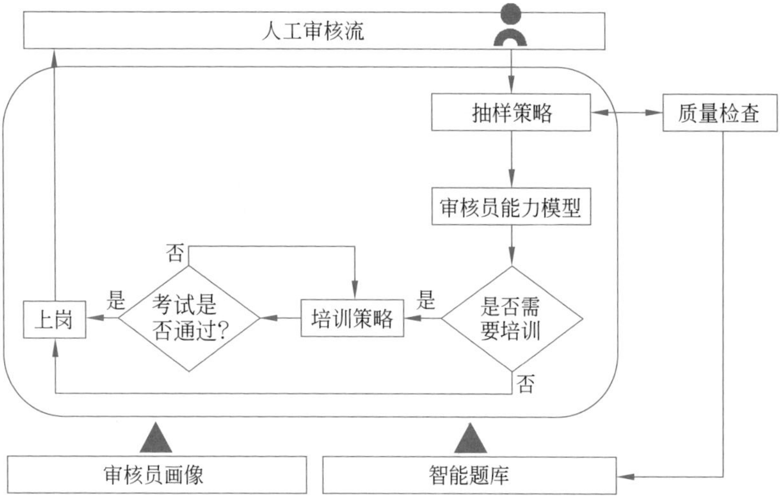

图 4.4　一种审核员智能培训系统的产品设计框架

核能力模型的输入，另一方面误过或误杀的案例进入题库。

　　题库可以根据输入的案例，智能生成或聚合同一类型的题目供培训或考试使用。再加上个性化的培训策略，合起来形成智能化的培训系统。还可以通过日常数据模拟出式（4-1），自动计算出其中的培训效应参数 α，用来指导这个智能培训系统的优化迭代。

4.2　人工审核系统

　　在人工审核环节，服务于审核员认知提升的培训系统只能算旁路系统，真正的主系统应该是服务于内容风险识别的人工审核系统。人

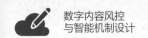

工审核系统的使用者是图 4.3 所描述的具有那些画像特征的审核员。

4.2.1　审核业务目标的多元性

前文提过，人工审核系统本质上是一个任务流处理系统。这方面的设计本身并不复杂，有太多相关工作可借鉴。产品经理在这里花费时间最多的是系统设计如何兼容审核业务目标的多元性。

在审核员人数不变的条件下，审核效率与交付质量是呈反比的。根据不同业务、不同背景和不同时间的公司战略，审核业务的目标侧重点有时会以效率优先，有时则强调质量为上。为满足效率提升需求，一个灵活可配的调度子系统应该是人工审核系统的重要组成部分。这里，调度可以分为对任务的调度（即任务分配）和对审核员的调度（即排班管理）。人工审核的质量提升则需要有诸如复审机制等的设计。

图 4.2 的审核员画像标签中有一块是关于审核员身心健康的。随着 B 站审核员猝死事件的发生，一些有责任感的公司越来越重视审核员的人文关怀。人工审核系统不能只把审核员当成一枚螺丝钉，要求在人机交互的设计上体现对审核员的人文关怀。比如像驾驶员系统上对司机的疲劳状态监测一样，对审核员工作强度和饱和度的监测和提醒也是应有的设计。

数字内容审核的上游是内容的生产，数字内容审核的下游则是内容的分发。人工审核系统与上下游的交互如何设计？与上游交互，审核系统反馈风险准则和风险话术，目标是减少风险内容的送审。与下游交互，审核交付哪些信息可以影响分发策略，目标是减少风险内容的展现与暴露。当然，这两个目标不只是对人工审核系统的要求，而是整个内容风控系统设计都需要考虑的。但是，因为人工审核系统在整个内容风控系统中无论是物理上还是概念设计上都处在风险兜底的重要位置，所以通过了人工审核过滤的内容马上就处在风险敞口的状态了。

审核业务目标的多元性本质上来源于互联网公司内部风控业务的非独立性。在商业广告领域，销售、广告产品和运营，以及广告内容风控业务上相互耦合，形成一种不同利益方之间的博弈态势。在非商业内容的领域，内容创作者、内容分发和用户增长部门，以及内容风控部门在业务上相互牵制。而风控审核系统往往是这种博弈结果的主要承载体，于是审核业务目标就呈现出多元性的特征。

这种多元性需要在产品设计中体现出来。否则，人工审核客户端这个产品会面临不断地应对业务需求而层摞叠加，产品难以体现出自身的价值。

4.2.2　人工审核系统的产品架构

根据 4.2.1 节的讨论，我们提出一种人工审核系统的产品架构设计，如图 4.5 所示。

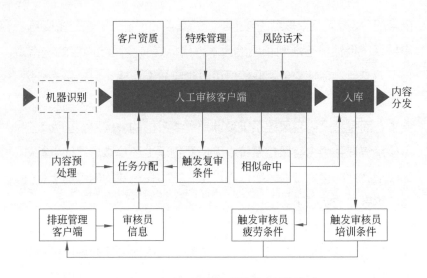

图 4.5 内容风控人工审核产品架构设计

1. 内容预处理

内容预处理部分接收来自机器识别无法判断处置的送审内容，并对其进行预处理后放入待审池，以待进一步流转。预处理包含哪些工作依赖于后续业务的流转模式，一般涉及：

（1）内容解析组装。将送审的内容转换成统一的数据模型。

（2）内容语义计算。根据需要，对送审内容进行语义理解，并打上相应标签，用于精细化任务分配等。

（3）内容预过滤。根据之前审核的结果，预先过滤掉一批内容。

2. 任务分配

将待审池中未分配的任务，以一定逻辑分发给符合条件的审核员，在人工审核客户端上形成每个审核员可见到的待审队列。4.3 节将展开讨论这部分内容。

3. 人工审核客户端

人工审核客户端是审核员进行物料审核的工作台，其提供任务信息获取、操作审核、操作执行等基础的审核服务支持。在这个工作台上，审核员需要高质高效地完成每一个送审内容的风险审核动作。因此，在产品设计上需要关注以下三方面。

（1）完整的信息接入。系统需要接入与送审内容相关的所有信息和数据，以备审核员进行综合的风险判断。这个信息和数据包括内容主体资质信息、历史送审内容和历史审核结果、机器识别过滤结果以及相似内容的审核结论等。在实现上，可以引入大量缓存设计加速信息和数据的获取呈现，通过异步处理设计减少审核操作等待时间，提升人工审核的整体吞吐。

（2）人机交互设计。在界面操作设计上，主要审核内容与相关推荐信息如何布局，以最高效地助力审核员的操作（见 4.2.3 节）。而推荐信息，比如风险话术精准推荐、疑似风险点提示、相似内容审核结果推荐（见 4.5.2 节机器识别提示）等，需要依据推荐结果的准确率和采纳率进行优化。另外，还可以引入一些策略机制，如4.5.1 节要介绍的相似命中审核，大幅提升审核员的操作体验。

（3）自动监测与提醒。在人工审核过程中，系统监控审核员工作质量和负荷，并在超过一定阈值后自动启动培训（见 4.1.2 节）和重新排班，前者保证审核员的优质产出，后者保证审核员的身心健康。

4. 入库

入库指将通过人工审核的内容放入内容分发的生效库。在技术实现上，入库过程往往通过例行扫库、CDC（变更数据捕获）等方式获取已完成审核的内容，以约定的形式将其推送到约定的地址。入库重点关注系统性能和稳定性。

5. 复审

复审是为了提升人工审核的质量，代价则是增加人工成本和内容待审时长。通常每一个送审内容并不会都走到复审的环节。而复审的触发条件会依送审内容的不同而设定。一个常见的复审模式如 2.2.3 节介绍的"背靠背"审核。先把内容独立发给 2 名审核员分别审核，如果 2 人审核结果一致，则通过；如果 2 人审核结果不一致，则发第 3 名审核员复审。这从人工审核结果的一致性上解决了审核质量问题。

无论哪种模式的复审，都会增加人工审核系统的复杂性。触发条件需要实时或准实时监测，复审需要建设回流通路，复审也会导致所有送审内容增加"是否复审"的标记和判断逻辑等。产品设计的难度并不复杂，核心在于对投入产出比的评估和判断。第 7 章将从博弈论的角度探讨复审的必要性。

6. 排班管理客户端

这个客户端用于管理审核员，是人工审核客户端的后台。其管理功能包括审核员权限、排班分组和培训考试等，主要用户为审核员团队的管理人员。4.4 节将会介绍一些这方面的产品设计。

4.2.3 人机交互设计

所谓人机交互，即系统与用户之间的交互关系，系统可以是各种各样的机器，也可以是计算机化的系统和软件，而人机交互界面通常指用户可见的部分。在风控的场景下，人机交互的界面即审核员的审核操作界面，界面的整体布局直接影响审核员的操作效率。

1. 人工审核界面

人工审核界面设计的核心目标是审核效率。也就是说，设计师需要重点考虑在整个页面上将待审核的信息充分而不多余地展现出来，且让审核员在审核中快速获取到有效信息。界面布局清晰、区域功能显著、模块区隔明确和展示信息齐全是四个有效提升审核效率所需考虑的要点。

1）界面布局清晰

整个人机交互界面划分为不同的区域，每个区域"各司其职"展示不同的信息，结构明朗，便于查看和操作。各平台各团队都有自己的设计风格。比如，图 4.6 所示是某互联网平台的商业广告内容的审核界面。它呈现左右结构，左侧为列表栏，展现各类筛选信息："广告样式审核""广告素材审核""App 审核"等。当审核员选择"广告素材审核"时，会再筛选广告素材审核的细分类，选定细分类"元素审核"后，右侧相应展现广告元素的详细信息。这样，左右布局结构清晰、功能分明。当然，除左右结构外，上下结构也是界面布局常选择的结构。上方为筛选区，选定后，下方为瀑布流式待审内容。

图 4.6　某互联网平台的商业广告内容的审核界面

2）区域功能显著

无论是左右结构还是上下结构，各区域均有自身明确的功能，比如在左右结构的布局中，左侧功能为筛选，右侧功能为待审信息阅读、查看和操作。

3）模块区隔明确

区域内也有不同模块的区隔，不同模块的底色有明有暗，区分明确，视觉上能够快速获取相关信息，并快速做出审核结果的判断，而不必在繁多而复杂的信息间过多耗费时间捕捉各类信息。

4）展示信息齐全

待审核的内容除广告内容本身需要判断是否合规外，也需要审核该客户的行业资质是否合规。例如，广告的内容如果是医疗药品保健品相关信息，则需要审核提交广告的客户是否具有医疗药品保健品相关资质。若该客户具有医疗药品保健品相关的资质，则需判断该行业资质是否在有效期内等。因此，在待审核内容展示信息上，一般包含以下四部分内容。

（1）提交广告内容的客户的基本信息，包括客户名称、行业信息、行业资质等。

（2）广告包含的全部内容，包括图片、文本、视音频及链接等。

（3）机器识别的提示，由机器判断出的一些信息，这部分会在4.5.2节讨论。

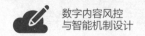

（4）审核操作按钮，包括"通过""拒绝""复审"等。

2. 内容的审核操作交互

内容的审核操作交互一般存在以下两种形式。

（1）单条审核：页面仅展现单条内容，完成该条内容的审核操作后则展现下一条物料内容，即每次页面仅展现一条待审内容。由于整个页面只用于展示一条送审内容，因此送审内容以及相关信息可以展示得更加全面，模块间功能明确，信息清晰明了，具备沉浸式审核的条件。

（2）翻页审核：一个页面展现一定数量（一般为 20 条）的物料内容，上下滑动审核该页面物料内容，第一页审核操作完成后，翻页审核第二、三页面的物料内容。一个页面展现多条审核内容，上下滑动，该交互形式导致可展现内容有限，需不断点击相关链接跳转至其他页面进行审核，耗时长且操作不便。另外，不断下拉查看下一条待审内容，易造成审核错位，再返回查找审核位置也会耗费时间。

4.3　任务分配

人工审核，在审核员看来，就是一个不断有新任务到达的动态任务流。这与 100 多年前福特发明的汽车生产流水线相近。流水线之所以能提升生产效率，核心是将一个任务拆成多个子任务，每个子任务由专人负责优化，这要比一个人负责一个大任务在效率上划算得多，这就是专业化。当然，数字内容的任务分发有与汽车生产流水线不同的地方。数字内容是以比特流的形式存储和传输的，因此比物理实体存在的生产流水线更易精细化地分割任务，也能实现智能调整任务分发策略以实现多样化的业务目标，这就是所谓的智能化。

下文的 4.3.1 节讨论增加审核员对送审内容停留时间的定量影响，4.3.2 节讨论增加审核员熟练程度对送审内容停留时间的定量影响，4.3.3 节讨论如何通过派单策略减少审核员的平均审核时间。

4.3.1　$M/M/n$任务模型

任务分发这一说法是站在平台视角的话语，站在提交内容方感受到的则是排队等候。因此，可以把任何一种任务分配转换成排队论模型。本节介绍的 $M/M/n$ 任务模型就借用了排队论中的一种基本表述。

我们把从用户或业务方送审进来的内容视为任务，假定这些任务是一个一个依次送到人工审核系统的。有 n 个审核员按照"先来先审"（First in First out）的原则依次进行审核，如果所有审核员都在忙，则送审进来的任务在任务池中排队等候。

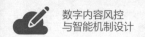

排队论的正式名称叫"随机服务系统理论"，是概率统计和运筹学的交叉学科。上述任务分发模型中，存在两个随机变量：一个是连续两个送审内容到达系统的时间间隔；另一个是审核员审核单个内容所用的时间。为描述人工审核系统的整体效率，先对这两个变量作如下假设。

（1）假设一。内容送审间隔时间 T 服从独立同分布的参数为 λ 的指数分布，送到系统的过程是一个泊松过程。因此，λ 表示单位时间内送达系统的内容数量。

（2）假设二。审核员审核单个内容的时间 X 服从独立同分布的参数为 μ 的指数分布。$1/\mu$ 表示每个内容的平均审核时间（纯粹审核时间，不包括内容等待时间）。

我们知道，指数分布有一个重要特点是无记忆性（Memoryless），而且是唯一一个具有无记忆性的连续型随机变量，所以指数分布也叫作无记忆性分布，故我们用 $M/M/n$ 表示这个任务送审模型。第一个 M 表示送审任务到达系统的时间间隔，是无记忆性的；第二个 M 表示审核时间，是无记忆性的；第三个参数 n 表示有 n 个审核员。

可以稍微解释一下无记忆性。如果任务到达的时间分别为 T_1，T_2，$\cdots$，那么送审内容到达系统的时间间隔 A_n 可以表示为

$$A_n = T_n - T_{n-1}, \quad T_0 = 0, \quad n \geqslant 1 \qquad (4\text{-}2)$$

A_n 是无记忆的，则下面这两种情况下，未来 1 分钟内有送审内容到达系统的概率是相同的：①已经有 3 分钟没有送审任务；②已经有 10 分钟没有送审任务。一句话，未来发生的事与之前发生什么无关。一般地，可以用条件概率表示 A_n 的无记忆性：对任意非负的 $s, t > 0$，有

$$P(A_n > s + t \mid A_n > s) = P(A_n > s) \qquad (4\text{-}3)$$

审核员的审核时间也有类似的解释。

可以求出这样的 *M/M/n* 任务模型在系统稳定状态下的解，这些解可以表征人工审核系统的运行效率。这里直接引用对人工审核系统有用的结果，相关数学推导可以参考任何一本随机过程、排队论等专业学科书籍，本书不再赘述。

我们关心人工审核系统的整体性能，包括审核员的工作状态、用户或客户的体验等两方面。

表征审核员工作状态的指标有：

（1）审核服务强度。单位时间内，送审的内容数量与审核完成的内容数量之比，它的期望值用 ρ 表示，按上文的假定有

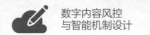
$$\rho = \lambda / n\mu \qquad (4-4)$$

（2）闲暇概率。审核员无内容可审的时间称为闲暇，闲暇时间占工作总时间的比例称为闲暇概率，它的期望值用 P_0 表示。由 $M/M/n$ 任务模型可以计算出它的稳态解：

$$P_0 = \Big[\sum_{k=0}^{n-1} \frac{n^k \rho^k}{k!} + \frac{1}{n!} \times \frac{n^n \rho^n}{1-\rho} \Big]^{-1} \qquad (4-5)$$

当 $n=1$ 时，$P_0 = 1-\rho$。

表征用户或客户体验的指标有：

（1）等候队长。系统中等待审核的内容数（包括等待中的和正在被某审核员审核的），它的期望值用 L_n 表示。$M/M/n$ 任务模型的稳态解：

$$L_n = \frac{(n\rho)^n \rho}{n!(1-\rho)^2} P_0 + n\rho \qquad (4-6)$$

当 $n=1$ 时，可简化为 $L_1 = \frac{\rho}{1-\rho}$。

（2）停留时间。送审内容在审核系统里停留的时间（包括等待时间和审核时间），它的期望值 W_n 表示。根据 Little 定律（4.3.2 节将介绍），有

$$W_n = L_n / \lambda \qquad\qquad (4\text{-}7)$$

当 $n = 1$ 时，则简化为 $W_1 = \dfrac{1}{\mu - \lambda}$。

【案例 4-1】 某互联网内容社区需要对用户上传的图片进行审核。根据送审量，该内容社区先安排了 1 名审核员，审核员的审核时间服从指数分布，平均每张图片的审核时间是 15 秒。送审图片按泊松分布到达，平均每小时到达 180 张图片。请描述一下此系统的运行指标。

因为只有 1 名审核员，所以这是一个 $M/M/1$ 的任务模型。首先确定两个随机变量的参数值。每小时的送审速率 $\lambda = 180$ 张/小时，每小时审核的数量平均值是 $\mu = 3600/15 = 240$ 张/小时，故

该审核系统的审核服务强度是：

$$\rho = \lambda / \mu = 180/240 = 0.75$$

闲暇概率是：

$$P_0 = 1 - \rho = 1 - 0.75 = 0.25$$

等候队长的期望值是：

$$L_1 = \rho / (1 - \rho) = 0.75/(1 - 0.75) = 3 \text{（张）}$$

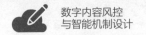
停留时间的期望值是：

$$W_1 = 1/(\mu-\lambda) = 1/(240-180) = 1 \text{（分钟）}$$

【案例 4-2】 接案例 4-1。由于这个互联网内容社区有比较强的互动属性，用户发一张图片的平均等待时间有 1 分钟之长，这太影响用户体验，容易引起用户流失，因此该社区计划增加审核员数量。如果只增加 1 名审核员，那么一张图片在审核系统中的平均停留时间会缩短到多少？增加 2 名审核员呢？

这是一个 M/M/2 的任务模型，计算系统平稳后的平均停留时间如下。

$$W_2=L_2/\lambda=\left[\frac{(n\rho)^n\rho}{n!(1-\rho)^2}P_0+n\rho\right]/\lambda \tag{4-8}$$

把 $n = 2$ 代入式（4-5），得到

$$P_0=\frac{1-\rho}{1+\rho} \tag{4-9}$$

把 $n = 2$ 及式（4-4）和式（4-9）代入式（4-8），则得到

$$W_2=\frac{4\mu}{4\mu^2-\lambda^2}=\frac{4\times240}{4\times240^2-180^2}=0.00485 \text{（小时）} \approx 17.5 \text{（秒）}$$

增加 2 名审核员，变成 $M/M/3$ 的任务模型，计算过程同理。

$$W_3 = 0.00425（小时）\approx 15.5（秒）$$

单纯从效率看，增加第 2 名审核员，内容在审核系统的停留时间从 60 秒缩短了 40 多秒，节省时间 70% 以上，这显然是非常划算的。而增加第 3 名审核员，内容的等待审核时间仅缩短了 2 秒，这需要这个互联网内容社区结合用户体验的评估价值做出判断。

总结一下，排队论中的 $M/M/n$ 任务模型可以为内容风控贡献以下价值。

（1）描述现在人工审核系统的整体运行能力，包括审核员整体的工作强度以及内容提交方（用户或客户）的体验等。

（2）构建人工审核的仿真系统，在各种环境变化下，预测人工审核系统的运行能力的变化趋势。比如审核员人数的变化、送审内容数量的变化，以及机器识别能力的提升等对人工审核系统的影响趋势。

4.3.2　Little定律

说到任务分配，不得不提到排队论中的 Little 定律，式（4-7）

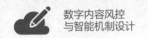

其实就是 Little 定律的一个应用。

Little 定律最早在 1954 年作为一种假想被提出。1958 年，Philip M. Morse（即 Little 的博士生导师）发表正式论文，希望读者提出反例。1961 年，Little 发表了该 Little 公式的证明，指出它没有反例。

Little 定律描述在一个稳定的排队系统中，排队实体（人或者物品）的平均到达速率（记作 λ）、系统中排队实体的平均数量（记作 L），以及实体在系统中的平均停留时间（记作 W）这三者之间的关系。

在任何一个随机服务系统，不论有多少名审核员，也不论任务分配方式怎样，上述三个变量一定满足：

$$L = \lambda W \qquad (4\text{-}10)$$

我们利用人工审核系统给出 Little 定律的直观证明。假设所有送审内容通过人工审核系统时需要支付一定费用。付费标准是送审内容在系统中每停留一个时间单位支付 1 元。

按这个标准，可以用两种方法收取这个费用。

第一种方法是每过一个时间单位向系统排队的送审内容收取

1 元。因为系统中排队的送审内容平均数量是 L 个，所以每单位时间可以收到 L 元。

第二种方法是当送审内容离开人工审核系统时才付费。付费依据是送审内容在系统中停留的时间，每停留一个时间单位需要付费 1 元。在系统稳定的状态下，在一个时间单位内离开人工审核系统的内容与到达系统的内容相等。因此，在一个时间单位里，需要向 λ 个离开的内容收费。这些内容平均在系统中停留了 W 个时间单位，所以单位时间内共可收费 λW 元。

显然，这两种方法收到的费用应该是相同的，因此 $L=\lambda W$。

Little 定律是一个应用非常广泛的定律，式（4-10）成立的条件仅是系统运行平稳。所以，我们可以把系统当成一个黑匣子，不用考虑系统内部的任务分配逻辑和排队规则，甚至一部分子系统上应用式（4-10）都是成立的。

考虑下面的人工审核系统：送审的内容先进入一个集散池，再依据一定策略逻辑将内容分配至每个审核员的审核列表内。审核员从审核列表上拉取内容进行审核。审核列表上的内容数量有限制，假设是 K。如果每个审核列表上的内容数量都达到上限，则送审过来的内容在集散池中排队等待。

这样一个人工审核系统的示意图如图 4.7 所示。

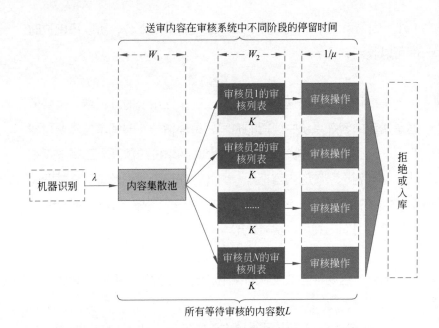

图 4.7　一个人工审核系统的示意图

对内容集散池应用 Little 定律，有

$$L_1 = \lambda W_1 \tag{4-11}$$

L_1 是内容集散池中等待的平均内容数，W_1 是送审内容在集散池中的平均等待时间。

对内容集散池及所有 n 个审核列表应用 Little 定律，有

$$L_1 + L_2 = \lambda (W_1 + W_2),\ L_2 = n \times l,\ l \leqslant K \tag{4-12}$$

L_2 是所有在 n 个审核列表中等待的内容总数，而小写字母 l 表示平均在每个审核列表中等待的内容数。

对整个系统应用 Little 定律，则有

$$L = \lambda\,(W_1 + W_2 + 1/\mu) \tag{4-13}$$

从案例 4-2 可知，当其他因素不变，增加审核员数量（n 增大）时，送审内容的停留时间总和会变小（即 $W_1 + W_2 + 1/\mu$ 变小）。在审核员数量增加有限，送审量足够大的情形下，增加审核员数量主要减少的是送审内容在集散池中的等待时间 W_1。因为只要集散池中还有等待的内容，按一定逻辑总会分到每个审核列表中。而审核员的审核时间不变，因此内容在审核列表上等待的时间 W_2 不会因增加少量审核员而发生太大的变化。

为了减少内容在审核列表中等待的时间 W_2，需要做的最重要的工作是减少审核员的平均审核时间 $1/\mu$。从式（4-12）可知

$$W_2 = 1/\mu \times l \times 1/\rho$$

ρ 是式（4-4）所定义的审核服务强度。如果 $\rho < 1$，单位时间内系统的进审内容量小于审核完成量，则 l 会逐渐减少，并趋于 0。如果 $\rho > 1$，单位时间内系统的进审内容量大于审核完成量，则 l 会逐渐增加，直到等于审核列表内容数的上限 K。在一个稳定的任

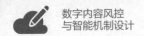
务分发系统中，应该有 $\rho=1$，因此有

$$W_2 = 1/\mu \times l \qquad (4\text{-}14)$$

4.3.3 节将讨论如何减少 $1/\mu$ 才能缩短在任务列表中的等待时间。

4.3.3 派单策略

在图 4.7 所示的例子中，从内容集散池将不同内容分配至不同审核员的审核列表，称为任务分配。我们希望在内容与审核员之间找到最佳匹配，使得内容的平均停留时间最少。由式（4-14），即求下面的最优化问题：

$$\text{Min}_\mu\,(1 + l)\,/\,\mu \qquad (4\text{-}15)$$

$1/\mu$ 是审核员真正审核的时间。首先分解一下审核员的审核时间。一般地，审核员的操作步骤是这样的（在类似图 4.7 所示的界面上操作）：

Step 1 用鼠标点击打开位于审核列表上的相应任务。

Step 2 查找内容中有风险违规的地方。

Step 3 用鼠标点击确认"通过"或"拒绝"。

上述三个步骤中，很显然最耗时的是 Step 2：查找内容中有风险违规的地方。要想缩短这个环节的耗时，就要把审核员最熟练、最专业、最有敏感度的内容分配给他。

这就是任务分配策略，这种策略在互联网界并不陌生。美团外卖给外卖员派单或者滴滴平台给司机派单等，都需要类似策略，将"餐"或"人"分配给另一个接单的"人群"。图 4.8 显示了这种任务派单（即 OTO 任务派单）的策略需要考虑的几个因素。

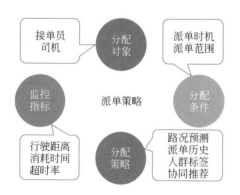

图 4.8　OTO 任务派单的策略设计

审核内容派单与此类似。

1. 分配对象

在审核任务中，分配对象无疑是审核员。但在某些情形下，分配对象也可能是代理商或服务商。比如互联网平台可以采购多家不同的内容风控服务提供商，不同的内容可以分配给相应的服务商。

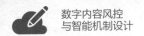

2. 分配条件

分配条件是指触发策略的时机和门槛。

（1）分配时机。指任务什么时候从集散池分发到审核员的审核
列表中，可以分成三种形式：即时分配、定时分配和条件分配。即
时分配指只要有任务进入集散池，就按既定策略分配，确定其归某
个审核员审核。定时分配，顾名思义是指每隔固定的时间分配一次。
而条件分配是指满足一定条件再进行任务分配，如审核列表中等待
的内容数量不足最高限的 50% 再进行分配，再如内容集散池中的
内容数量超过某一域值再分配。不难看出，即时分配的好处是随到
随发，在短时间内能最大限度地避免无谓的等待耗时，而定时分配
或条件分配则可以通过送审内容的积累，使下面提到的分配策略有
更好的效果。定时分配也常用在一些任务固定的专项场景，比如对
上线内容的重点巡查。

（2）分配范围。指每次任务可以分配到的审核员。无门槛圈定
是较常见的做法，即所有审核员均可作为候选。有门槛圈定则要求
满足一定条件的审核员才可作为本次分配的对象。比如，可以是审
核列表中待审内容数量低于一定阈值的审核员，也可以是历史审核
记录中审核出错率低于某个阈值的审核员等。

3. 分配策略

当确定好触发时机、圈定好送审任务和分配对象后，策略设计
就成了任务分配的核心。策略设计是服务于策略目标的。如果是为

了让审核员一天的工作量大致相等，保证审核员管理的公平性，那
么随机分配是较常见的做法。随机分配保证在一段周期内每个审核
员分配到的审核内容数大致相同。

如本小节开头所言，如果是为了提升审核效率，则可以从以下
几方面进行策略设计。

（1）审核列表中的待审内容数。待审内容越少，获得新任务的
概率越高。

（2）审核员的历史审核数量。审核员对某类内容的历史审核量
越大，获得这类内容的概率越高。

（3）待分配内容的关联性。相似内容分配给同一审核员的概率
更高。

（4）预测审核时间。对二元组 < 内容，审核员 > 预测审核时
间，预测的审核时间越少，获得这个内容的概率越高。

规模大，送审内容海量的互联网平台，可以通过特征学习，建
立机器学习模型，实现上述分配策略构建的智能化。

4. 监控指标

与纯线上策略机制的设计不同，任务分配机制的结果需要审核
员参与的验证和反馈。所以，监控指标不仅需要关注策略的主目标

（比如内容停留时间），还要关注策略机制产生的溢出效应（如审核员对抗行为等）。

结合上面的讨论，给出一个任务分配的算法框架，供读者参考（见图 4.9）。

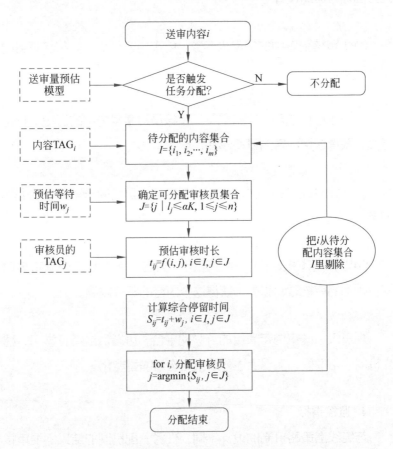

图 4.9 一个任务分配的算法框架

关于图 4.9 所示算法框架，这里补充解释几个变量。

（1）l_j 是第 j 个审核员的审核列表中当前等待的内容数量。

（2）w_j 是当审核列表里有 l_j 个内容时，再增加一个内容需要等待的时间。

（3）K 是每个审核列表可等待的最大内容数。

（4）α 是一个参数，用于判断当前审核列表里的内容数是否足够多。

4.4 智能排班

如果说 4.3 节讨论的任务分配是"供给侧结构性改革"，那么本节将讨论的智能排班则是"需求侧改革"。任务分配是在审核员数量和能力不变情况下，通过优化送审内容的分配策略实现审核效率的提升，而智能排班则是在送审内容数量和分配策略不变的情况下，通过优化审核员排班实现审核效率的提升。

4.4.1 送审量预估

4.3.1 节曾利用排队论中的 $M/M/n$ 任务模型推算，增加审核员

数量对送审内容停留时长的定量影响，即式（4-7）所示。但是，这个结论有较强的假设（对 λ 和 μ 的两个随机变量指数分布的假设），而且在实际的审核员管理中，审核员通常都是三班倒，也不能像机器设备一样随时增加或减少。因此，最常见的做法是对未来送审内容的到达分布做出比较准确的预测，基于预测提前做好审核员的排班规划工作。

在总审核时长（即每个审核员审核时长之和）固定的情况下，不同排班模式下的物料审核耗时情况是有明显差别的，审核人力分布与内容到达的分布越接近，审核内容的停留时间越短。

像大型互联网平台每天有海量的内容量送审，一般采用时序模型对送审量进行预测。时序预测模型有三个基本方法：因子预测模型、传统时序模型和机器学习模型。方法各有优劣，取决于业务具体形式、数据易获得性和使用门槛。这些基本方法在相关教科书中极易获得，而且这些方法重在与实践业务的结合使用。因此，本书不在这里赘述相关理论方法，只讨论一些实践中遇到的要点。

1. 因子预测模型

当预测的量有较强的业务解释力时，通常用因子预测模型准确率很高。比如对互联网平台广告收入的预测，就可以用下面的基本公式：

广告收入 = 展现量 × 点击率 × 单次点击价格 × 周期性因子 × 近期事件影响因子

周期性因子是基于过去业务的经验总结，可以是工作日与非工作日的比例，也可以是不同月份之间的比例。确定近期事件影响因子需要明确近期公司的重大策略调整、产品改进和促销活动等对收入的影响，这也是基于历史经验的。

对内容送审量的预测，当然也可使用类似的方法。比如：

$$内容送审量 = 用户数 \times 作者占比 \times 周均创作数 \times 周期性因子 \times 近期事件影响因子$$

虽然因子预测模型有较高的准确率，但却要求使用者对业务的熟悉程度较高。尤其是像字节、腾讯和百度等这样的大型互联网公司，业务线繁且杂，能跨越公司内部门藩篱熟悉每个业务的内容产生逻辑，并实时追踪变化，这样的人才实属不易得，如果有，那么公司的风控部门也留不住。

2. 传统时序模型

传统时序模型是指均值回归、ARMA 模型以及指数平滑模型等，这种方法完全基于数据分析，暂时抛开了背后的业务逻辑，所以对使用者要求较低，复杂度低，计算速度也快。

最简单的均值回归就是拿最近一段历史的平均值作为对未来一段时间的预测值。在对内容业务逻辑不十分清楚的情况下，可以使用自回归滑动平均模型 ARMA 对送审量进行预测。实践经验表明，在普通工作日可以获得较好的预测结果，但对异常时间（如促销、长假等时期）的送审量预测表现较差。图 4.10 表明了利用 ARMA 模型预测的内容送审量与实际值的差。内容送审量变化较为平稳时，预测结果的误差很小，通常在 5% 上下。而如果送审量在短时间内有较大起伏，那么 ARMA 模型的特点决定了其不能快速调整相应参数，导致误差上升。

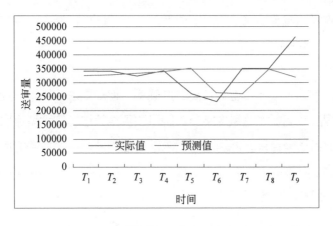

图 4.10　利用 ARMA 模型预测的内容送审量与实际值的差

虽然这类模型的准确率较差，但是也并非一无是处。因其对背后业务逻辑要求不高，所以可以将这个预测结果作为一种基准值或基准区间，供其他方法预估参考。

3. 机器学习模型

传统时序模型本质上是一个回归模型，我们可以把它当成一个回归问题来处理，因此机器学习对此也有用武之地。

使用机器学习进行时序模型预测时，可以添加更多的特征使预测更加精准。在送审量预估中，这些特征常常可以是：

（1）自然时间特征。比如年、月、日、时、分、星期，以及一天中的哪个时间段等。

（2）社会时间特征。比如是否周末、是否节日、是否调休等。

（3）滑动时间特征。比如最近7天均值、最近30天方差、最近10天最大值等。

（4）其他模型预测值。比如ARMA、SARMA及指数平滑等。

（5）其他特征。比如行业特征、内容标签、作者或客户标签等。

4.4.2 仿真实验

如果有一天内每小时的送审量分布预估，就可以安排合理的审核员班次。接下来，读者想知道的一个问题一定是：当送审量和审核员数量不变时，仅通过班次调整在审核时效上有多大的提升空间？下面通过一个例子说明。

假设一天有早班、午班和晚班3个班次，每班8小时。送审内容只在每班刚开始时到达审核员列表中，整个上班期间不再有新的

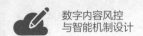

内容送审进来。每班送审的内容数量以及每个班次上班的审核员数量如图 4.11 所示。

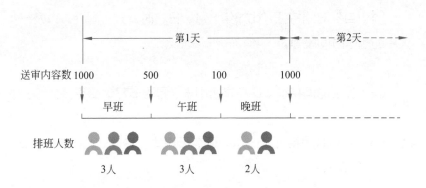

图 4.11 每小时送审的内容数以及每小时上班的审核员数量

为简化起见，假定审核员的审核速度都是 25 个 / 人·小时。很容易算出，早班 3 名审核员总共可以完成 3 人 ×25 个 / 人·小时 ×8 小时 =600 个内容的审核，剩余的 400 个内容将交给午班的审核员进行审核，以此类推。我们关注送审内容的停留时间，简单约定，当班送审当班审核的内容，平均停留时间按 4 小时计算，当班送审下一个班次完成审核的，平均停留时间按 8+2=10 小时计算。按图 4.11 所示的排班，早班送审过来的 1000 个内容，累计的停留时间为

$$600 \times 4 + 400 \times 10 = 6400（小时）$$

因此，平均每个内容的停留时间就是 6400/1000=6.4（小时）。

　　午班的内容也依次计算。需要注意的是，午班的审核员需要优先审核早班堆积未审核的 400 个内容，之后再去审核午班送过来的 500 个内容。这样，我们可以计算出一天内所有送审内容的平均停留时间：

$$(600 \times 4+400 \times 10+200 \times 4+300 \times 10+100 \times 4) / 1600 =6.625（小时）$$

　　从上面的例子，可以看到早班送审量大，因此我们考虑调整班次，将晚班的 1 个人调整到早班。这样，早班、午班和晚班的审核员人数分别为 4 人、3 人和 1 人。按上面的计算方法，不难得出调整后一天的送审内容平均停留时间为

$$(800 \times 4+200 \times 10+400 \times 4+100 \times 10+100 \times 4) / 1600 =5.125（小时）$$

　　如果晚班不安排审核员值班，把这个人员也排在早班，晚班送审过来的内容第 2 天早班再审。这样的效果如何呢？

　　按这样的排班，早班、午班和晚班的审核员人数分别为 5 人、3 人和 0 人。还有 1 个变化是晚班送过来的 100 个内容到早班审核员上班时已停留了 8 个小时，需要早班同学优先审核。同样的计算过程，可以算出一天送审内容的平均停留时间为

$$(100 \times 10+900 \times 4+100 \times 10+500 \times 4) / 1600 =4.75（小时）$$

　　4.75 小时是一个很鼓舞的结果，既提升了送审内容方的体验，

也不用安排员工上夜班，一举两得。总之，调整排班对提升审核效率有极大的优化空间。当然，实际的情况会比上面的示例复杂得多。

（1）数字内容是在连续时间内送达人工审核系统，而并非只在每个班次开始时送达。这增加了上述计算的复杂性。

（2）班次调整涉及审核人员变动，在实践中没那么灵活，不可能随送审量的变化而随时调整。这限定了调整优化的空间。

（3）每个班次需要安排一定的冗余，无论是送审量预估的误差，还是有意想不到的情况出现，都需要审核员及时兜底，不可能可丁可卯地安排审核员。这种弹性安排也压缩了一定的优化空间。

基于这些复杂情况的出现，可以采用仿真实验制订合理的审核员排班班次。仿真实验主要解决以下两方面的问题。

（1）承载力。当预估送审内容增加（比如长假前后旅游类内容暴增）时，现有班次的审核员是否能支持？

（2）服务力。在保持一定承载力的前提下，不增加成本而提高服务效率和体验。仿真模拟实验就是为了找到承载力和服务力的最大空间。

4.5 人机协同

第3章的机器识别和本章的人工审核,虽然目标都是风险识别,但无论方式还是效果都有很大的不同。表4.1给出了风险词表、机器学习以及人工审核进行风险识别的异同。

表4.1 风险词表、机器学习以及人工审核进行风险识别的异同

	风 险 词 表	机 器 学 习	人 工 审 核
响应速度	**快!** 以关键词精准匹配或模糊匹配的方式识别风险,即时生效	**慢!** 构建或迭代模型需要较长周期,对风险的响应速度较慢	**较快!** 通常对审核员进行短期培训即可响应
准确性	**低!** 多数场景下误杀高(如商标类风险词等),少数场景下也有较低的误杀(如疾病名称等)	**较高!** 模型需要满足一定的准召要求,才能在线上运营	**高!** 在审核标准明确和审核员管理有效的前提下,人审的准确率较高
运营成本	**低!** 在风险词管理平台建设完成后,仅需要运营人员使用和管理	**较低!** 构建与迭代过程需要专业算法工程师和产品经理支持等,但在日常运营中毋须人再参与	**高!** 审核员审核量有限,且需要进行培训和管理
适用场景	文本类内容、语义明确的风险点,如疾病名称、敏感名称等	风险点明确的图片类、视频类等富媒体风险,需要进行语义理解的风险点,如广告内容中的虚假夸大风险	较为复杂的文本、图片及富媒体场景

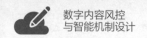

可以看到，没有十全十美的风险识别方法。因此，一个自然的想法是人机协同，优势互补。在实践中，有很多种人机协同的方式。本节介绍两种思路——相似命中审核和机器识别提示，抛砖引玉，启发读者。

4.5.1　相似命中审核

相似命中审核是一种通过降低人工审核实际操作量提升审核效率的手段。其基本思路是，相同或相似的内容进行过一次机器识别或人工审核给出明确的判断结论后，再次送审时，可以直接对相同或相似的内容复用之前的审核结果，做到"一次审核，多次复用"。

在商业广告内容中，比如一个广告主的产品在全国出售，他为其产品提供的广告内容几乎是一样的，仅在涉及地域时，替换成不同的城市名称。此时，相似命中审核可以大大减少无效的重复审核。

一些热点事件发生后，很多新闻报道或自媒体都会围绕热点创作数量众多的内容，但这些不同内容很可能采用了同一个图版或视频。这种场景下，也适合采用相似命中审核的方式进行处理。

相似命中审核，也叫作联动审核，在实践的产品设计中，需要从以下几方面重点考察。

（1）生效范围。即在什么范围内的相似内容才进行审核结果复用。比如，可以是同一账户内、同一作者或同一行业内，也可以是最近一个月内提交的内容。一般而言，生效范围越大，审核效率的提升越高，但是误杀或误过比率也越高，导致的负面影响也会越大。

（2）采用方法。对于文本类内容的相似判别，常用的判断维度有完全匹配、删除停用词[1]后完全匹配、语义向量相似度高于一定阈值等。对于图像内容，常用的判断方法有向量聚类相同、向量相似度高于一定阈值。对于 URL 类内容，可以采用去参数、标准化编码等方式处理后进行等值判断。

（3）产品实现。相似命中识别只有与风险识别同步进行才有效果。因此，进行审核初始化时，需要事先构建内容与元素标记（结合相似判别方法产出，具有相同标记的元素认为相似）之间的双向索引。风险识别进行中，实时触发索引更新判断，并及时将相似命中的内容从送审流中移除。

相似命中审核的产品流转示意图如图 4.12 所示。

4.5.2 机器识别提示

如表 4.1 所述，机器学习在一些风险点明确的图像、视频类等富媒体中的风险识别，以及需要进行语义理解的风险内容识别方面

---

[1] 在信息检索领域，对语义理解没有作用的一些符号或词语称为停用词，如标点符号、助词"的、地、得"，以及"其一"等。

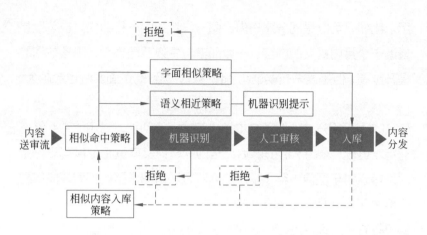

图 4.12　附加相似命中审核与机器识别提示的风险识别审核产品示意图

有相当的优势。所以，可以利用机器的这一特点，在人工审核阶段进行提示。这里读者可能会有一个疑问，既然机器学习有较高的准确率识别这些风险，那为什么不直接由机器拒绝这些内容，还要给审核员提示信息由审核员进行人工二次确认？机器的优势是识别出图像和视频中的某个物体（如警服），但这个物体是否产生风险，机器并不擅长判断。在以下两类场景下，机器识别提示是非常有益的。

1. 目标检测

识别内容中特定的目标，是机器比人更有优势的特点之一。在商业广告的投放中，广告法要求对商标、名人等的使用，需要有相应的资质证明或者授权证明。关于侵权风险的要求，大家应该比较熟悉，但是在审核中会遇到两个重要问题：人能认识所有的商标图案吗？是不是无授权的商标或者名人的宣传和使用都是不合规呢？

显然，人的知识掌握程度是有限的。任何一个审核员都无法认识成千上万的商标，但是机器却可以轻松做到。机器擅长做大规模的记忆和检测，对于商标局注册的商标，可以通过机器识别策略检测内容中是否含有对应的商标（文字或者图标）。但是，存在商标的广告内容就一定有风险吗？

当然不一定，这一步审核员进行判断更有优势。机器识别提示这样的设计，有效利用了机器与人工两者的优势，最终产生出更可靠的风险识别结果。虽存在商标的广告内容，但不侵权的案例可以参见 3.2.3 节的表 3.2。

2. 语义相近

4.5.1 节讨论了相似命中策略。送审内容经过相似命中策略，字面高度相似（含转换成向量的高度相似）的内容，直接复用之前的判断结果，要么拒绝，要么入库等待分发。

如果送审内容经过相似命中策略并未达到字面高度相似的阈值，但是送审内容与之前审核过的内容语义上是相近的，那么可以采用提示的方式送给审核员进行最终判断，如图 4.12 所示。

这里有个假设是，如果之前判定为不合规的内容，则与该内容在语义上相似度较高的其他内容最终被判定为不合规的概率较高。

第5章

事后风控

05

以数字内容获得分发资格的时点作为分界，平台对数字内容的风险防控可以分成事前、事中和事后三个阶段，每个阶段有不同的防控重点。

事前风控的重点是识别"坏的人"，对欲发布内容的主体进行主体审核。尤其是针对商业内容的生产者，平台对广告主、电商、流量生态的职业玩家等有严格的要求。2.3 节介绍了这部分内容。

事中风控的重点是识别"坏的内容"，第 3 章和第 4 章多数内容是围绕事中风控展开的，在数字内容上线分发前的最后一关拦截风险内容，避免其上线后产生风险事件。

本章进入事后风控的主题。事后风控可以分成以下三部分工作。

（1）风险识别：继续事前和事中识别"坏人"和"坏内容"的工作，不过方式会与事前、事中的有所不同。当然应该不同，如果

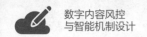

相同，几乎就没有意义了。这部分主题在 5.1 节讨论。

（2）风险评价：对于事后识别的风险内容，在做出处置之前最关键的工作是进行风险评价。评价的范围包括风险发生的原因、发生的概率，以及可能造成的后果等。没有合理的风险评价，做出的处置就不匹配，无法引导用户或客户创作更多的"好内容"，失去了处置的意义。在 5.2 节引入工业界成熟的风险矩阵法进行风险评价，并依内容风险领域的特点加以改造。

（3）处置流程：事后风险处置合理公平的另一个体现是流程建设。在 5.3 节引入工单系统的设计思路，提出一个通用的事后风控产品框架。这个产品框架与第 3 章和第 4 章的风险识别的产品设计有着紧密联系。

5.1　事后风险识别

一般地，事后发现风险内容大致有四个来源：监管发现、内部员工发现、常规巡检和用户反馈。其中监管发现对平台而言是一个不好的信号。平台应尽量降低这部分风险内容发现的比例，在监管发现之前自己发现并处理掉风险内容才是最好的方法。内部员工发现是一个偶然的行为，无法持续成为一个发现风险内容的良性机制。因此，事后风险内容的识别与发现主要依赖常规巡检和用户反馈。

有一个问题估计一直在读者的脑海中盘旋：既然事前和事中都有两道关卡进行审验和拦截风险内容，那么事后风控再拦一道关卡的必要性在哪里呢？至少有以下几种情况会导致平台上提交的内容在通过事前和事中的风险防控后，仍会在事后出现风险内容。

（1）审核漏召。前面提到，无论机器识别，还是人工审核，都不会100%召回，审核员有疲劳的时候，机器有系统性偏差。

（2）风险准则变更。2.2.4节提到过风险准则更新对审核员和机审模型的影响，其实还有一个更大的影响是准则变更之前已经上线的内容中可能包含违反新准则的风险内容（库存风险）。

（3）先发后审。采用先发后审机制的送审内容中可能包含风险内容。

（4）链接风险。由于链接落地页上的内容变更不受平台管控，因此事前、事中审核无风险的内容上线后，链接落地页的主体可能产生篡改落地页内容的行为，从而给平台带来隐患。

事后防控的重点则是上述四种情况产生的风险内容。

对于审核漏召的风险内容，在事后用同样的模型策略巡检是无意义的。模型的系统性偏差不会因事前或事后而改变，能防住的风险内容在事中就会拦住，误过的风险内容在事后也一样会误过。事中风险的识别顺序通常是先进行机器识别，机器无法判断的送审内

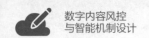
容则派单给人工审核。因此，那些人工审核误过的风险内容在事后用同样的模型策略巡检也无意义。针对此类风险内容，有效的事后巡检机制是引入蓝军（采购外部供应商或公司其他团队），由另一组模型策略在事后巡检。事中、事后两个独立的策略，理论上可以召回更多的风险内容。

风险准则变更致使原来已通过上线的无风险内容变成风险内容了。因此，除快速迭代模型以适应新准则外，还需要将迭代后的新模型对全部已过审的内容进行回溯重新过审。对于像腾讯、抖音这样的特大平台，回溯全部已过审的内容是一个工程量巨大特别耗时的任务。除非准则的重特大变更，或者不回溯会造成重大风险暴露，平台通常只是定期进行回溯，甚至不回溯。平台不回溯的基本前提是随着时间的推移，流量分发策略给旧内容的权重越来越小，从而风险暴露概率向零趋近。

先发后审是一种节省事中人工审核资源的审核方式，但平台需要在事后投入资源进行复审。复审条件是先发后审机制有效与否的杠杆。所谓复审，即将上线的内容全部或部分捞回来送人工审核。复审条件越松，复审数量越大，先发后审机制的有效性就越差。相反，复审条件越紧，复审数量越少，风险暴露概率就会越高。复审条件一般为内容的展现量或阅读量超过某一阈值。这个机制需要内容风控策略与内容分发策略联动。

链接风险的防控是比较难的，因此很多内容型产品规定不准有外部链接，比如抖音、百家号等，这样平台就杜绝了链接风险。链接风险常常出现在广告内容上，一些作恶者伪装成合规的广告主投放广告，落地页也合乎平台的规范。但是，有意作恶者常常在上线后将落地页上的内容篡改成其他内容，比如引入赌博押注或者色情招嫖等违法内容。平台对此可以采取的措施有：

（1）对于风险高发的领域，不开放外部链接，只允许使用平台自己的落地页（比如百度的基木鱼、抖音的橙子建站等）。

（2）定期巡检落地页。

图 5.1 是一种落地页巡检的机制。

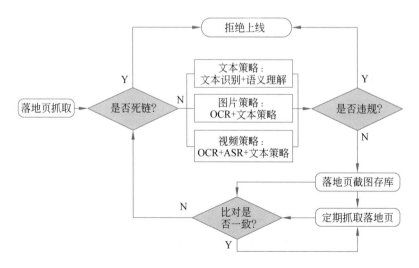

图 5.1　通过截图比对实现落地页巡检

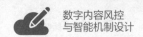
最后，用表 5.1 总结一下这四类风险内容的识别方法。

表5.1　事后风险内容暴露的原因及应对措施

事后风险内容暴露的原因	平台采取的措施	缺　　点
审核漏召	蓝军定期巡检	增加成本，不能保证完全召回
风险准则变更	①模型迭代； ②回溯过审内容	①模型迭代有一定时滞； ②回溯成本高
先发后审	①监控复审条件； ②回捞复审	①需要与分发策略联动，增加实现难度； ②复审条件与风险暴露不易平衡
链接风险	截图比对巡检落地页	①增加成本； ②主体对抗严重

5.2　风险矩阵法

对于识别出的违规风险内容，在处置之前的必要步骤是风险评价。所谓风险评价，是指将违规内容按风险准则（见 2.2 节）确定该违规内容上线可能产生的后果以及严重程度，从而做出用何种措施处理该违规内容的决策。

比如用户在自媒体上揭露互联网平台某网上传播的色情图片，则某网的内容风控部门需要对这个事件进行评价，评价范围一般包括：

（1）确认这个内容是否违反某网的风险准则以及国家的法律法规。

（2）若确实违规了，那么要确认违规内容的创作者与某网的业务合作与法律关系。

（3）如果不处理，那么带来的严重后果是什么以及可能性。

这种评价多数是基于经验的，产品的系统化思维就是如何把这种经验沉淀在流程中，固化在代码里，而不只在某些专家的头脑中。系统化思维的基本工具之一就是数学模型，在之前的章节已使用过多次（比如 4.1.2 节介绍审核员培训系统价值时引入的"干中学"模型）。为了对违规内容进行风险评价，我们引入工业领域风险评价的基本方法——风险矩阵 LS 法。

5.2.1　风险事件发生的概率

借用本节开头的例子，用户在自媒体上爆料某网上的色情图片。它可能引起很多用户负面评论和投诉导致舆情事件，或者引起监管部门关注导致监管部门约谈或行政罚款。如果这张图片还是一张商业图片，那么也可能引起市场监督管理部门关注判定此广告"违背社会良好风尚"（广告法第九条第七款）或者"含有淫秽色情的内容"（广告法第九条第八款）。

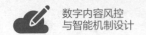
　　为表述准确，在这里要区分几个概念：风险事件、后果、风险内容和风险。

　　（1）事件是指一个特定情况真实发生了，比如用户在自媒体上爆料某网传播色情图片，就是一个事件。如果这个事件对某网有不利影响，那就是一个风险事件。

　　（2）后果是风险事件给平台带来的结果，通常指负面结果。比如上述爆料某网传播色情图片的风险事件的后果是舆情危机，或者监管约谈，或者行政罚款。

　　（3）风险内容是指已经或可能产生风险事件的具体的数字内容，包括平台巡检或自检查到的疑似有问题的内容、用户或客户投诉的内容、监管部门发现的有风险的内容等。

　　（4）风险则是指风险事件发生的概率以及后果这两者的组合，这是风险的二维特性。在贷款领域，二维特性转变成违约率和违约金额；在保险领域，二维特性转变为事故发生率和赔付金额。

　　风险矩阵法的核心思想也是按照风险的二维特性（即风险事件发生的概率分值 L 和风险事件产生的后果分值 S）对风险事件进行半定量的风险评价。如果用 R 表示某个风险事件的风险值，则

$$R = L \times S \tag{5-1}$$

R 值越高，越需要紧急处理当前的风险事件。

风险发生的概率可以结合实际业务分成若干等级作为判断准则，如表 5.2 是一种常见的分类判定准则。

表5.2 风险事件发生可能性的判定准则

概率分值 /L	概 率	说 明	评 价 准 则
1	0%~10%	非常不可能发生	全行业从来没有发生过相同风险
2	10%~30%	偶然发生	本行业多年前发生过 1 次或 2 次，但本公司从未发生过
3	30%~70%	不排除发生的可能性	本公司发生过此类风险
4	70%~90%	大概率会发生	本公司最近一年发生过此类风险
5	90%~100%	极有可能发生	本公司最近一年发生过多次此类风险

本小节关注风险事件发生概率的评价。

飞机涡轮机的发明者德国物理学家汉斯·冯·奥海恩（Hans von Ohain）曾经提出过一个飞行安全法则：每一起严重事故的背后，必然有 29 次轻微事故和 300 起未遂先兆以及 1000 起事故隐患。这个法则称为海恩法则（Ohain's Law）。

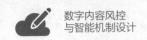
应用到数字内容的风控领域也一样。一个风险内容之所以产生了风险事件，在此之前必然有十几次用户投诉和几百个用户的负面评论，以及成千上万次的风险暴露的发生。

还以上面的色情图片为例，在由这张图片产生的风险事件之前，一定有其他对平台不利的事件或现象产生。比如某用户看到这张图片后，截图转发到个人社交账号上，或者向政府监管部门举报该平台。当然，不是所有的用户都会这么做，这里有一定概率，我们假定这个概率值是 p。

我们还假定至少 k 次这样的不利行为才会酿成 1 次风险事件的后果（或者因舆情风险遭受企业声誉损失，或者收到监控部门的行政处罚）。假定该风险内容推送给相应用户，累计展现给用户 n 次。那么，这张风险图片上线引发用户产生不利平台行为的次数 X 不超过 k 次的概率是：

$$P(X \leq k) = \sum_{i=0}^{k-1} \binom{n}{i} p^i (1-p)^{n-i} \qquad (5\text{-}2)$$

这是典型的二项式分布，这个概率越小，越不容易产生风险事件。这样，我们就对产生风险事件的概率有了较为客观的衡量。

在实践应用时，风控工作人员可以根据内容分发、业务经验判断和风险事件发生频次等历史数据确定式（5-2）中的 3 个参数值：

n、p 和 k 的值。

5.2.2 风险事件产生的后果

当风险事件真实发生了，对平台业务会产生严重的后果。一般
地，根据业务特点将事件后果的严重性分成几个等级，比如表 5.3
所示的一种常见的划分方法。

表5.3　风险事件产生后果的严重性（S）判断准则

后果分值 /S	说　明	准　则
1	可忽略 (Negligible)	事件发生后对业务发展 / 公司战略 / 企业声誉 / 财务成本等都没有影响
2	微小 (Minor)	事件发生后会增加运营成本（如投诉处理等），对业务发展 / 公司战略 / 企业声誉 / 财务成本 / 等指标无影响
3	一般 (Moderate)	明显不符合公司规定或行业通例；运营成本一般程度的增加，对业务发展 / 公司战略 / 企业声誉 / 财务成本等关键指标的达成无影响
4	严重 (Serious)	违反法律法规要求；运营成本大幅增加，对业务发展 / 公司战略 / 企业声誉 / 财务成本等造成严重影响
5	关键 (Critical)	违反法律法规要求；导致运营成本或财务成本大幅增加；或大面积舆情爆发，无法完成业务发展 / 公司战略 / 企业声誉 / 财务成本等预期目标

对于具体的风险案例，后果严重性的判断可以参考历史经验，也可以找相关专家进行头脑风暴获得。同时，要有相应的更新机制保证根据实际运行误差进行调整。

5.2.3 风险矩阵 R 值色块图

有了前面两部分的结果，根据式（5-1）很容易计算出风险事件的风险值 R。R 值最大为 25 分，最小为 1 分。结合业务特点，给 R 值分成若干等级，不同的级别采取不同的风险处理手段，如表 5.4 所示就是一种常见的分类法。

表5.4 风险值（R）的等级判定和风险处理手段

风险值 R	说　明	风险处理手段
1~3	轻微风险	A1：暂不处理，加强监控
4~7	低度风险	A2：本次风险内容下线
8~12	中度风险	A3：除 A2 外，增加策略或词表过滤，不再新增此类案例
13~16	重要风险	A4：除 A3 外，对本业务线的历史内容进行回溯巡检，并下线相应风险内容
17~25	关键风险	A5：除 A4 外，评估内容生产者或提交者的其余内容，或者平台的其余业务线也进行全量或主要内容的回溯巡检

通常，我们会直观地画成图 5.2 这样的风险矩阵 R 值色块图。

风险矩阵法简单易行，能快速找到对违规内容进行处理的方式。

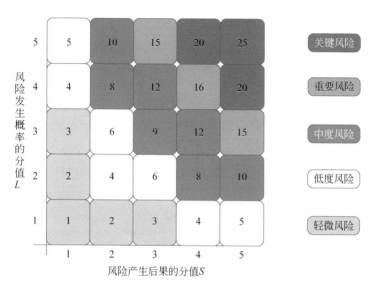

图 5.2 风险评价之风险矩阵法（*LS*）

5.3 风险处理的产品设计框架

风险处理的业务流程可分成三部分：风险内容的收集、风险评价和风险处置。这特别适合用工单系统支撑完成整个业务流程。

5.3.1 工单系统

什么是工单系统？什么样的业务适合用工单系统支持？下面通

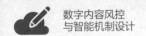
过分析最典型的工单系统——客服系统来回答这两个问题。

传统的大型企业通常会设置客服中心用来解决客户咨询的问题，倾听客户的声音。为节省成本，很多企业的客服中心使用客服机器人处理简单和结构化的问题。但一些复杂问题仍需要人来解决，其中有一些问题客服人员即时在线可以解决。客服人员无法即时解决的问题，需要转发给有关业务部门支持解决。在问题解决后，结果需要返回给客服中心，再由客服中心的客服人员反馈给客户。支持后面这个业务的系统即工单系统。上述业务流程处理机制可以抽象为图 5.3。

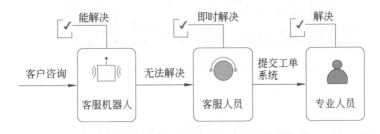

图 5.3　客户服务中心处理客户咨询的业务流程

从图 5.3 可以看到，工单系统用于连接提出需求的客服人员与解决问题的专业人员。既然是连接两个具体的岗位人员，那么是不是可以用即时通信系统（如钉钉、飞书等）替代工单系统？换个问法，工单系统在这个业务流程中贡献了什么样的价值？

如果客服人员明确知道客户咨询的问题谁能解决，的确可以用即时通信系统沟通相应对象解决问题。但是，客服人员并非对所有问题都这么清楚，尤其在大型企业，岗位变动是经常发生的事。所以，工单系统的第一个价值是减少无效沟通，通过系统将需要解决的问题流转到下一个节点，而这个节点有相应固定的工作人员支持处理。

有了工单系统，客服人员不用管下一个节点支持的人是谁，哪怕岗位变动也不会影响。客服人员只需要描述清楚要解决的问题，让它形成任务流转下去即可。这样，工单系统的第二个价值就是减少理解成本，通过结构表单或者任务模板的设计，让问题描述得清晰、无歧义。

因为客服人员需要在一定时间内给客户反馈结果，所以他需要知道问题解决的进展，而不是不停地追问。所以，工单系统的第三个价值就是可以跟踪问题解决的进展。

工单系统的第四个价值来自管理层。通过工单系统详细记录客户问题以及解决过程，管理层可以从整体上获得不同业务、不同分支机构，甚至不同员工的服务水平，以期找到优化的路径。

上述四个价值，显然单靠即时通信系统是无法满足的，因此工单系统应运而生。这也回答了本小节开头提出的问题：什么样的业务适合使用工单系统？这里总结一下，有如下两个特点的业务流程使用工单系统能大大提升效率。

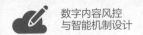
（1）跨系统。发现问题、评估问题，以及处置问题分属多个团队负责，所以需要工单系统连接多个系统之间的任务流转。

（2）知晓动机。发出任务的一方对问题的解决过程和结论有强烈的知晓动机，因此需要工单系统记录跟踪"发单→分配→处理→反馈→关单"的全流程。

比如 4.1.2 节提到的审核员培训系统，培训业务通常归属一个团队负责，没有必要用工单系统的设计支持培训业务。

再如 2.4 节提到的风险准则的更新，虽然需要传达给平台策略、机器识别和人审机制等多个系统，但是风险准则的更新方对产品系统的升级能力和周期没有强烈知晓的动机。新的准则是出于对新的社会环境和网络生态的判断而更新的，无论能力上是否支持，都会更新。由于没有形成闭环的驱动因素，因此不需要类似工单系统支持。

5.3.2 引入工单系统的风险处理

在互联网公司的组织结构里，发现风险内容，进行风险评价和风险处置往往不由一个人或一个团队负责。同时，管理者和发出风险处置决策的团队对风险处置过程和结果有知晓进展的动机。基于这两点原因，我们将工单系统的设计引入数字内容的风险处理之中。

图 5.4 是基于工单系统的风险处理的产品设计框架。

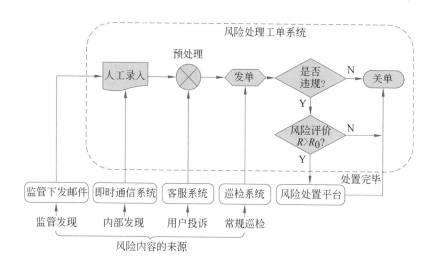

图 5.4 风险处理工单系统

工单系统的设计本身并不复杂，它的难点来源于具体业务的复杂性。从图 5.4 可以看出，风险处理业务的复杂性体现在风险内容来源的多样性以及风险的评价。

本章一开始就讲过，风险内容来源于四个方面：监管发现、内部员工发现、常规巡检和用户反馈。把不同来源的风险内容归集到同一系统处理，听上去是很自然的事情，但并非如此简单。

首先，监管和内部发现的风险内容往往存在于电子邮件或者即时通信软件上，需要运营人员按照一定格式及时手工录入系

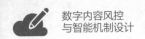

统中。

其次，不同系统中自动输入风险处理工单系统的格式需要统一。这可能要花费很大的代价，因为客服系统和巡查系统并非为风险处理而建设的，它们各自有自己的目标和实现方式。这种跨系统的工单设计尤其要注意不应该影响其他系统的既定逻辑。比如，巡检系统如果是基于客户账户设计的，而风险处理是基于账户下的具体内容维度处置的，这其实很难不影响巡检系统原有的设计逻辑。

关于风险评价，5.2 节提出了风险矩阵法，但那只是个理论模型，实际使用中如何确定风险值的边界（即图 5.4 中的 R_0），这是不容易实现的。

从内容提交方的视角看，过风险评价这一关，要么生，要么死，所以钻平台漏洞的博弈动机很大。比如，内容提交方会质疑判定它违规的取证是片面的，他一直在坚持做一个"好人"，不能因为一次"钓鱼取证"就冤枉他。再如，内容提交方如果是商业 VIP 客户，提交的广告物料成千上万，违规比例不高，但违规总量远超过那些小客户，按统一的处理方式肯定是不合理的。每个风险内容都有自己的理由。

经过各种博弈后，风险评价那个简单的判断模块就变成了 N 个分级附加 M 个白名单以及 L 个审批流。更为要命的是，这些设立时"合理"的分级逻辑、白名单和审批流，随着时间推移，往往缺乏更新机制，逻辑难以回溯，被客户或作者钻了空子，逐渐会变成下一任产品经理的噩梦。

　　引入工单系统并不有助于消弭上述风险处理的复杂性，本书对此也没有通用的解法。当然，我们给出一个原则，即"无维护不产品"。举一个例子，增加一个白名单的条件是必须有白名单退出的维护机制，有进有退才能形成闭环，自动维护产品逻辑的自洽性。

第6章

风控中台

数字内容的生产是一个流式过程，源源不断地有用户或商业客户提交新的数字内容到互联网平台。所以，互联网平台的首要任务是建立一个审核流，快速从数字内容的提交流程中识别有风险的"坏分子"并及时处置。

你来我审这是一个相对被动的风控业务思路，更加主动往前走的思路是识别出生产风险内容的主体，限制他们在互联网平台上的行为，从而减少风险内容的产生。识别风险内容和识别生产风险内容的主体，这两个工作通常是结合在一起进行的。本质上，数字内容风控形成了平台与风险主体的对抗形式，一明一暗，平台需要小心地、精细化地设计这个博弈机制。

理想状态下，建立审核流程和设计博弈机制结合起来就形成了一个比较完整的数字内容风控业务架构。但是，这只适用于有单一或很少业务线的互联网平台，如新氧、脉脉等类似的垂直业务平台。

对于有丰富业务线的综合互联网公司，上面的二元模式远远不够。我们可以想象一下，像腾讯、字节、百度这样的大型互联网平台，有新闻信息、有自媒体、有社区、有 IM、有视频、有直播、有商业广告和电商交易，还有不断涌现出来的新产品。如果只是采用上面的二元风控模式，因为每个业务线的数字内容特点和风险点不同，最终会形成许多个二元模式嵌入每条业务线上。这时，业务运营、产品和技术冗余会非常严重。所以，综合性互联网公司必须考虑风控中台的业务设计。

但是，从时间线上看，综合性互联网公司的综合业务并非一开始就成形，而是从单一业务逐渐拓展出来的。所以，综合性互联网公司通常将内容风险治理分成广告风控、电商风控和非商业内容风控等多个团队分别支持。这是伴随公司业务发展而形成的历史产物。

前面各章的主题讨论，多数情况下并没有强调各部分的独特因素，而是从内容风险治理的一般意义上进行探讨。这为本章风控中台的讨论打下了良好的基础。不难发现，无论哪种形态的产品，内容风险治理一定程度上是有相似之处的。比如在风险识别上都需要将送审的内容拆分成文本、图片、视频和音频等元素，分别用不同的技术路径处理。同样，拆分后的元素在审核机制和策略能力上亦有共通之处，均为机器识别和人工审核相结合。前面介绍的相似命中策略、机器识别提示等能力或机制都适用上面提到的广告、电商及非商业内容。

但是，如前所述，在综合性互联网公司海量内容的场景下，无论是资源消耗还是维护成本，都是一个巨大的浪费。分久必合，合久必分，公司内部发展也有"分"与"合"这样两种驱动力。风控中台就是一种"合"的驱动力。

本章从三个维度探讨风控中台建设的主题。这三个维度是：独立与通用的选择（6.1 节）、管控与服务的关系（6.2 节），以及风控策略与分发策略的衔接（6.3 节）。

6.1 独立团与大中台

假定有一个互联网公司，叫作甲公司。甲公司早期业务比较单一，核心业务是广告。因此，所有与广告有关的业务都隶属一个部门，包括广告的投放平台、广告检索策略以及广告业务运营。当然，广告风控也是广告业务的一部分。

随着广告业务的快速发展，广告形态越来越丰富，商业业务线也越来越多，不同产品形态也会有不同的管控政策。此时风控与商业业务的强耦合架构已经逐渐成为业务发展的绊脚石。甲公司对商业业务架构进行了调整，把风控的通用机制和策略与商业业务解耦，并根据商业投放业务进行标准化接口设计，以统一且便捷的流程接入不同的广告产品，并能进行机制和策略的精细化配置。

此后，甲公司在许多新产品上也有布局，比如信息流、短视频、社交等，相应的非商业内容风控也从零开始建设。非商业内容风控与广告风控在策略上有相通之处，从广告风控的审核架构解耦，大家不难想到广告风控和内容风控能否合并为一个大中台？答案是可以的，当然，不是简单地把组织架构合并。我们需要具体分析一下这个风控大中台该如何设计，来满足甲公司目前发展阶段的业务。

6.1.1　核心业务流程

本节梳理一下广告风控与非商业内容风控的核心业务流程，找到并抽取其共性的部分。

首先是广告风控。前文已经介绍过，广告主首先进入资质准入审核，审核通过后，广告主可以提交广告素材。如果广告素材审核通过，那么广告可以投放展现。已经展现的广告会进入事后风控巡检，巡检拒绝的广告会被中止投放。上述具体的业务流程如图 6.1 所示。

从图 6.1 不难理解，为什么甲公司早期风控管理系统和广告管理系统是耦合在一起的。非商业内容风控也与上面的流程类似，如图 6.2 所示。

从上述两个业务流程可以发现，内容风险治理的主流程是一致的，简单地讲，可以分成三部分：主体准入、内容审核以及事后巡检。整体的流程和机制是可以"中台化"的。

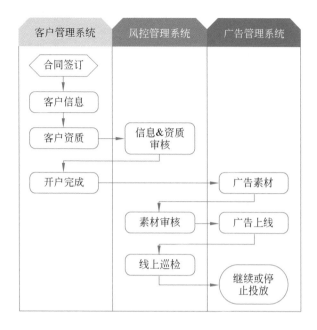

图 6.1　广告风控业务流程图

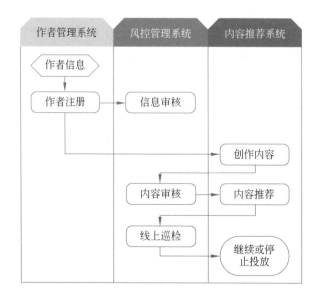

图 6.2　非商业内容风控业务流程图

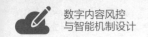
6.1.2 中台化的产品形态

通过对甲公司的风控与其他业务交互的核心流程梳理，我们对风控系统在整个业务系统中的位置有了初步判断。现在进一步讨论风控中台化的产品形态。

产品形态依赖于业务场景。根据图 6.1 或图 6.2 所示的风控核心业务流程，可以归纳出如下四种业务场景。

场景一：客户或用户便捷地通过真实性认证（需要人脸识别或照片或视频），这就要求提供一个用于真实性验证的 App 或小程序。

场景二：甲公司的审核员审核送审到平台的资质和内容，这就要求有一套方便操作的审核后台系统。这个系统应该能调起客户或用户的相关信息以支持风险的识别与判断。同时，考虑到平台的商业秘密和用户的隐私信息，这个审核后台仅限公司内网权限的 PC 版作为实现形式。

场景三：平台内部不同业务线接入风控中台的场景，这就要求业务线接入风控的接口相对友好和易于理解，使各业务线能最便捷地接入风控流程。

场景四：平台的风控部门需要根据业务线的需求和风险判断，为每个业务线配置多样化的风险词表、策略模型及风险处理方式等。

这就要求有一个风控参数及规则配置后台系统。

因此，对应上述四个场景，一个中台化的风控系统应该包括如下四个独立的系统：客户认证前台（移动端）；风控审核后台（PC 端）；风控配置前台（PC 端）；风控配置后台（PC 端）。

1. 客户认证前台

认证前台就是提供给客户或用户在准入时进行信息认证和资质认证的操作前台，根据客户或用户类型的不同，需要提供多种认证能力。客户认证前台的功能模块如图 6.3 所示。

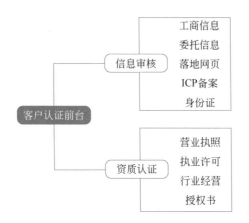

图 6.3　客户认证前台的功能模块

信息审核模块，客户需要填写基础信息进行有效性审核认证，同时还需要进行真实性认证，企业类首选营业执照，个人类首选人脸识别，同时也会有其他认证方式。一般会提供 H5 或小程序两种方式，便于客户和作者在进行证件拍照上传以及人脸识别等认证方式时，操作更为便捷。

资质认证模块，根据客户或者作者的推广业务的不同，需要有不同的资质认证要求，如有主体资质、行业资质、物料资质等。

2. 风控审核后台

风控审核后台是支持甲公司风控业务的核心系统。典型的审核后台需要具备样式管理、审核员排班管理、审核任务分配管理、审核报表管理几大模块，其功能模块如图 6.4 所示。

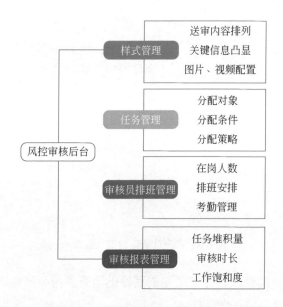

图 6.4　风控审核后台的功能模块

（1）样式管理。用于根据不同的业务线送审内容和重点关注内容配置展示样式，比如，文字和图片一起展示或者聚合展示、落地页预览展示等；审核员可根据个人习惯或者审核内容的倾向性设置提示内容，比如对于审核商品类的业务线，可以设置驰名商标作为高亮提示，用于重点关注是否有商标侵权风险。

（2）审核排班管理。根据每天的任务量以及审核员的人数进行每天上岗人员和班次的安排，以此作为审核员考勤管理的基础。

（3）审核任务分配管理。审核运营或审核组长根据每天审核员的排班和业务线的送审物料内容进行任务分配的基础设置，比如根据不同的推广行业进行分组，每个审核任务的物料量级等。

（4）审核报表管理。通过配置不同的业务指标，用于实时监控审核运转情况，方便及时调整安排，比如，当前的待审任务堆积量、审核时长、审核员工作饱和度等。

3. 风控配置前台

风控配置前台是业务线的送审内容接入风控的一个配置工具平台，由业务线和风控运营人员进行配置操作。风控配置前台的功能模块如图 6.5 所示。

（1）产品风险评估模块，业务线需要根据自身的送审产品形态、内容类型、展现位置提出送审诉求，同时，需要风控业务端的运营

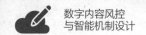
进行风险评估和管控方案设计，双方达成一致的结论后配置完成，沉淀业务线风险评估档案。

（2）管控效果监控模块，选择业务线关注的管控效果指标，用于例行监控。

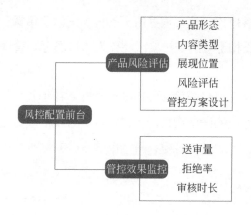

图 6.5 风控配置前台的功能模块

4. 风控配置后台

风控配置后台是风控运营人员根据配置前台的诉求，以及风控对业务线的管控方案进行能力的配置生效和生效前后的效果评估。风控配置后台的功能模块如图 6.6 所示。

（1）风控能力配置模块，根据业务线和风控运营双方达成一致的结论进行审核策略和机制配置。

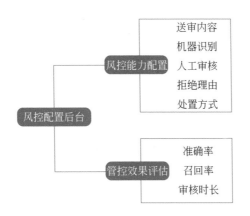

图 6.6　风控配置后台的功能模块

（2）管控效果评估模块，在风控能力配合联调测试完成后，对管控效果进行上线前评估，若符合预期，则配置到线上生效，同时例行对线上效果进行监测反馈，可以及时跟进调整配置。

6.2　管控与赋能

当风控系统与业务系统耦合在一起时，最容易在两个系统的中间地带产生无人负责的情形。比如内容的格调、令人不适的图片等，本质上不完全属于风险治理的范畴，而是在产品定位与用户体验的主题范畴内。在边界模糊的情况下，两个系统都会选择各自投入产出比最高的部分高优处理。显然，两个系统边界部分的内容对每个系统而言都不会是高优的。因此，当风控系统与业务系统耦合在一起时，风控对业务的支撑反而在某些地方会弱化。

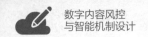
当风控系统成为一个大中台时，表面上它与业务系统是分开的。此时，风控的职能定位不是与业务系统争地盘，而是为业务赋能，反而风控系统会与业务紧密联系在一起，也就是中台化不会弱化对业务的支撑。

风控定位于对业务的赋能，而不是对风险的管控，这是大型互联网公司在实际业务中总结出来的经验。下面模拟的例子实际上在很多大型互联网平台上是常见的。

假设我是一个广告客户，计划在某网的信息流上投放广告。根据我的投放目标，我选择了品牌广告，我在广告提交端看到需要提交的广告素材要求，以及投放广告的合规性要求。但是合规性要求的描述泛泛而谈，没有具体的细则，也没有举例说明，我其实很难理解哪些是不合规的推广行为。

于是，我先按照自己的理解把准备好的素材提交了，账户状态显示待审核，什么时候能审核完成，我也不知道。我只能隔一段时间刷新一下状态变化。四五个小时过后，状态终于变更了，但是结果是审核不通过。平台给我的原因是：有违反广告法要求的内容。不通过的原因实在让人摸不着头脑，具体是哪里不合规，以及违反了广告法的哪个要求，无从得知。

我只能采取两种方式：要么操作后再次提交；要么联系客服咨询。有经验的客服可能很快帮我看出问题所在，否则还得一层层地在平台内部流转咨询。等信息反馈回来时，可能一两天过去了。

经过这番折腾，我终于得到准确的回复原因是我在广告文案中使用了某个品牌的名称，这需要相关的授权证明。于是，我补充了授权证明并向平台提交，复审又等待了 4 小时。这次还算顺利。如果遇到需要多次提交证明或者多个问题整改的情况，来来回回一周就过去了，这还没有考虑审核误杀的情况。

上述就是将风控职能定位于管控风险的结果。从管控视角则只关注内容的合规性而较少考虑内容生产创作者的体验。虽然风险管控住了，但会对业务的创作生态产生不利的影响。长远看，风险管控并未服务于业务目标，而是为了管控而去管控。所以，我们所理解的风控，终极目标并非管控风险，而是更好地服务业务，引导业务往正向利好的方向长期稳定增长。

以上面的场景为例，客户在广告投放整个过程中遇到的问题都有哪些？风控如何做好"服务"的角色？

首先，在广告素材提交环节，风控的要求或者标准尽可能地用通俗易懂的话术传达给客户，可以结合举例说明什么是合规和不合规。这样，客户能在内容生产环节避免一些简单的合规问题。

其次，在客户提交广告素材后，根据审核的情况给一个合理的审核等待时间，如 4~5 小时，这样客户可预算审核完成时间，从

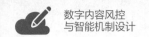

而制订之后的投放计划。审核完成后，如果审核不通过，则清晰地告知具体不通过的原因，包括哪个素材有问题，具体问题点是什么，这样客户才能明白如何整改才能满足合规性要求。

最后，如果客户对审核结果有疑义，也需要有便捷的申诉渠道，快速解决客户申诉。整个过程中既保证了风险的管控，又提升了客户的投放体验。

基于以上分析，甲公司在风控中台核心系统设计基础上向前一步，在业务端进行了前置能力输出，比如预审、申诉和时长预估等。

在风控端不设置具体的前后台，但作为能力输出提供给业务线，客户或者作者在广告素材或文章发布前，能通过风控提供的预审能力，提前检测内容的合规性，并根据提示进行修改，减少了内容的多次提交—审核—修改；当物料提交审核被误判后，有快速的申诉通道，并能批量对误杀内容申诉，减少申诉的等待耗时；并通过风控提供的审核时长预估服务，对物料审核完成的时间有预期，提升了客户的提交体验。

6.3　内容风控策略与内容分发策略

风险产生的源头在内容的生产端，风控环节除了在审核端处置风险外，还可以前置到内容生产环节做管控。生产端的管控是事前管控，预防为主；审核端的管控是事中管控，全面识别。那么，最后分发呈现给消费者的分发端作为一个事后环节，风控中台是否也能在该环节发挥其作用？本节探讨风控与分发的关系。

风控业务会根据国家法律法规要求以及互联网平台自身的标准，对其平台上生产或呈现的内容进行合规性审核，识别有风险内容并及时处置，合规内容则通过分发呈现给用户。传统意义上的风控审核，一般会输出两种结果：审核通过；审核不通过。这看起来似乎是符合预期的，下游业务把审核不通过的内容过滤，审核通过的内容就进入可分发的内容库。这样的方式会让下游业务面临选择：0和1的结果是否能满足业务的应用诉求？

业务在初期时一般有快速增长和扩张的需求，对内容的处置方式也比较简单，要么可用，要么放弃。随着业务的壮大，场景的丰富，精细化运营的需求会越来越凸显。不同的业务场景，分发的内容要求有差异；甚至不同的消费者，分发的内容也有差异。

以甲公司的两个业务场景（搜索场景和信息流场景）举例，这两个场景相信大家都不陌生。搜索场景是用户的主动行为，即用户明确想找的内容，通过输入关键词进行搜索，再从搜索结果里查找想要的内容。信息流场景则是被动推荐。根据用户的各种信号推测用户的兴趣点，从而给用户推荐用户可能感兴趣的内容。同时，平台会结合用户的行为反馈不断调整推荐策略，让推荐的内容越来越

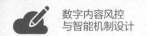

合用户的口味。

不同场景用户对内容的接受度和容错性有差异。搜索场景下，内容的相关性排在第一位，即搜索结果和用户想找的内容的匹配度要高。信息流推荐场景下，用户兴趣点的匹配更为重要，即推荐给用户的内容是否能引起用户的兴趣。因此，不难理解，信息流场景下对内容的质量要求会更高。这个质量高不只是内容没有合规性风险，同时内容带给用户的体验以及传递的价值也是重要的因素。

此时，如果内容审核仍然是"通过或不通过"两种结果，那么内容分发策略就无法通过进一步的高质量信息进行推荐。但如果走了另一个极端，在审核端把内容质量的标准档位提高，保证高质量的内容被区分出来，这对于那些没有合规性问题但质量相对没那么高的内容，就失去了被传递和消费的价值，可用的内容就会大幅压缩，这对业务而言也是不满足预期的。

如果想满足业务精细化的运营需求，既要保证内容的合规性，又要能对内容质量有区分，就要在风控审核 0 和 1 的模式基础上，考虑对内容进行分级，提供业务更多的可用信息，为业务在不同场景下的精细化目标奠定基础。

下面以 PUGC 创作的视频为例，看风控和分发如何结合。

一个视频内容生产后会按照常规的流程送审到风控系统。首先，风控需要进行合规性审核，如果合规性不满足要求，那么视频内容自然是不能通过的。在通过合规性审核后，下一步需要进行分级审核。分级可以从两方面考虑：用户体验和内容的正向价值。

（1）用户体验维度一般要关注视频给用户的直接感官程度，如质量方面，画质是否清晰，音频是否连续且可辨识，视频是否完整，是否有影响理解内容的噪声，等等。另一个是心理感受，内容是否可能引起用户不适，比如密集恐惧、恶心等内容。

（2）内容的正向价值即内容是否能给用户传递真正的知识、娱乐或信息，比如标题党、内容拼凑重复、语句不通顺、阅读性差，以及内容与事实不符等内容就没有正向价值。

以上两大维度可以再细分出很多维度，对合规的内容进行分级，优质的内容就能在一些重要的场景或者优质的流量分发，相对低质的内容就需要进行限制，对特定的人群进行保护等。再根据分发后的用户反馈（包括点击消费等正反馈和投诉举报等负反馈），不断调整修正分级策略，最终使得业务的生产和消费生态能够共同正向增长。

基于以上讨论，风控系统和内容业务系统相互影响和反馈是一种更加完善和良性循环的方式。风控作为业务的横向支撑，既要考

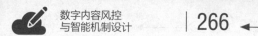

虑成本和效率问题，又要能和业务站在统一战线助力业务完成目标。

中台模式需要有新的设计思路和架构，从资源和效果上匹配业务的发展和变更。比如，机审策略的精细化，根据业务场景诉求，输出不同的审核结果，可以是 0 和 1，也可以是 1~5 甚至更高的等级。长远看，风控底层能力的中台化和业务层的精细化管控，一定与业务发展的趋势更匹配。

第7章

风险暴露率

本书第 1 章就引入了博弈分析方法，用来推演政府和互联网公司之间的策略互动结果。认真阅读本书的读者，也能体会到我们始终避免把风险绝对化，而是作为不同利益主体之间策略互动的结果来看待。本书我们穿插在各章中间抛砖引玉地分析了不同利益主体之间的策略互动：

（1）互联网平台与政府之间，见 1.1.1 节。

（2）互联网公司内部风控部门与销售部门之间，见 2.1.3 节。

（3）互联网平台与头部用户或客户之间，见 3.2.3 节。

（4）互联网平台与普通客户之间，见第 7 章。

（5）互联网平台与审核员之间，见 8.4.1 节。

（6）互联网平台内部员工与员工之间，见 8.4.2 节。

博弈分析是本书讨论内容风险治理方案的底层思维。这个方法借鉴了经济学中的博弈论和均衡分析理论，构成本书互联网公司内容风险治理的系统化框架。"审核流程"是防控风险，而"博弈机制"则是管理风险，策略互动的存在使得内容风险与平台收益达到一种宏观上的动态平衡。

本章将利用博弈分析的框架讨论内容风险治理领域最重要的一个指标——风险暴露率。风险暴露率之所以重要，是因为它代表着内容风险治理工作的水准。

7.1 抽审比例

互联网公司对平台上的内容进行风险治理就需要投入人力或机器资源审核，这构成互联网公司的一部分成本。由此获得的收益则是避免风险暴露，减少可能的罚款、流量下降或声誉受损。比较成本与收益，这是一个商业企业的常规动作，内容风险治理也不例外。

一般地，对送审的内容，平台可以有以下两种方式进行审核。

（1）全审。所有内容无一例外逐一进行审核。但是，无论是人工审核，还是机器识别，都有一定概率的违规遗漏率，所以全审也

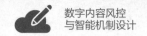
不意味着百分之百没有风险暴露。

（2）抽审。随机或重点抽出一部分送审内容进行审核。抽审也分为两种情况：一是上线前抽审；二是先上线后抽审。抽审意味着一部分内容会未经任何审核而展现在线上。

全审需要互联网公司很大的审核成本，而抽审则意味着面临一定的风险上线。那么，抽审比例与风险暴露的关系是什么？明确这个关系，互联网公司才能决策是否要抽审？抽审比例是多少？

7.1.1　简单示例

假设平台方有两个决策：审核或者不审核。如果审核，则平台需要投入成本 10；如果不审核，则没有成本投入。但是，如果用户送审的违规内容上线，则平台会面临更大的损失，比方说 1000。

用户也有两个决策：提交合规内容或者提交违规内容。假设违规内容能给用户带来更多利益。当用户提交合规内容时，用户的收益是 20。当用户提交违规内容且没有被平台发现时，用户的收益是 500，而一旦被平台发现，就面临封号或其他惩罚，损失假设是100。

这个博弈的收益矩阵可以表示为图 7.1。

图 7.1　平台与内容提交方的审核博弈

这是一个典型的攻防博弈，与博弈论中经典的罚点球博弈 [1] 或警察与小偷博弈 [2] 非常类似。每一方的最优策略都依赖对方选择的策略是什么。也就是说，双方都没有严格的占优策略。但是，根据纳什定理，这个博弈一定存在一个混合策略均衡。

在这个例子里，混合策略均衡就是平台方抽审多少比例的送审内容，用户侧提交多少比例的合规内容。就图 7.1 所示的博弈而言，我们可以简单地计算出它的混合策略均衡。

假定平台方抽审的比例是 p，而用户提交的内容中违规内容占比是 q。用户提供违规内容的收益是 $R_{违规}$，计算如下。

---

[1]　在足球赛罚点球时，点球手需要做一个决策：踢向球网的左边或右边（为了讨论方便，忽略踢向中间或高球或低平球）。守门员将预测点球手的行为，决定扑向左边还是右边。如果两人都选择左边或者都选择右边，那守门员会扑出点球，守门员一方得到的收益为1，而点球手一方收益为–1。如果守门员扑向与所罚点球的不同方向，那么，点球手一方的支付为1，守门员一方的支付为–1。这个博弈没有纯策略均衡。

[2]　警察与小偷博弈的故事背景是这样的：某个小镇上只有一名警察，他负责整个小镇的治安。小镇的一头有一家酒馆，另一头有一家银行。警察一次只能在一个地方巡逻；而小偷也只能去一个地方。假定银行需要保护的财产价格为2万元，酒馆的财产价格为1万元。若警察在某地进行巡逻，而小偷也选择了去该地，则小偷会被警察抓住；若小偷去了没有警察巡逻的地方，则小偷偷盗成功。警察怎么巡逻才能使效果最好？这个博弈也没有纯策略均衡。

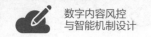
$$R_{违规}=p\times(-100)+(1-p)\times500=500-600p \qquad (7\text{-}1)$$

用户提供合规内容的收益 $R_{合规}$ 则始终是 20。我们已经知道，在这个博弈中，用户不存在占优策略，所以只能有 $R_{违规} = R_{合规}$，由此可以计算出 $p = 0.8$。

用同样的方法，通过考察平台审核与不审核的收益，可以计算出 $q = 0.01$。

这说明，平台只需审核 80% 的送审内容，就能保证用户或客户提交的内容中不超过 1% 是违规的。因为平台会抽审 80% 的内容，所以虽然有 1% 的送审内容违规，但其中 80% 经平台审核拦截。最终，只有 0.2% 的内容会产生风险暴露。

这个结论对于有海量用户内容的互联网公司有积极意义。由于审核成本的存在，这个结论意味着，平台可以节省 20% 的审核资源，保证 99.8% 的内容无风险。这对于平台管理层是可以权衡决策的依据。

7.1.2 一般化表述

可以把 7.1.1 节提出的问题进行一般化的表述。为让结论更有说服力，本章的叙述采用了非常严谨的数学表述。所有的数学定理都是从假设开始的。

假设 1：对于一个数量单位的送审内容（比如一篇文章，或者一段视频，或者一个广告物料等），平台的平均审核成本是 C_1，而一旦这个内容违规且上线，平台面临的预期损失是 C_2。

假设 2：用户提供一个合规和违规内容的收益分别是 r_1 和 r_2，如果用户的一个违规内容被平台方发现，则用户受到的惩罚是 k。

假设 3：只要平台方审核送审内容，则百分之百可以把违规内容识别出来，不存在误过或误杀的情形。

有这三个前提假设，平台方和用户或客户的博弈矩阵变为图 7.2。

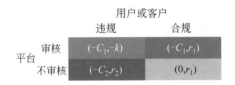

图 7.2 平台与用户或客户的审核博弈的一般形式

用与 7.1.1 节同样的方法可以得到，在均衡状态下平台的抽审比例以及用户送审内容中违规内容的比例：

$$平台方均衡抽审比例 p = \frac{1 - r_1/r_2}{1 + k/r_2} \quad (7\text{-}2)$$

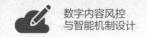

用户违规内容的均衡比例 $q = C_1 / C_2$ (7-3)

当平台对送审内容完全不审核时，用户或客户提供合规与违规内容的收益比称为合规违规收益比，记为 u_1，则 $u_1 = r_1 / r_2$。合规违规收益比 u_1 越大，用户或客户提供违规内容的动机越小。如果 $r_1 \geqslant r_2$，则 $u_1 \geqslant 1$，用户或客户没有动机提供违规内容。

当用户或客户提供违规内容时，平台审核与不审核对用户或客户的收益比的绝对值称为违规动力值，记为 u_2，则 $u_2 = k / r_2$。违规动力值越大，用户或客户提供违规内容的动机越小。

当用户或客户提供违规内容时，平台审核与不审核对平台带来的损失比称为平台的审核动力值，可以记为 v_1，即 $v_1 = C_1 / C_2$。审核动力值 v_1 越小，用户违规内容的占比越小。

在均衡状态下，平台方抽审比例和用户违规内容比例可以简化为

$$p = \frac{1-u_1}{1+u_2} \quad (7\text{-}4)$$

$$q = v_1 \quad (7\text{-}5)$$

根据这两个公式，可以得到下面的结论。

结论 7-1：相比合规内容的收益，用户提供违规内容的收益越大（u_1 越小），平台方越倾向于抽审更多数量的内容（p 越大）。

这个结论很显然，违规内容频现的重灾区，平台当然会集中各种资源进行围堵。

结论 7-2：相比用户违规内容的收益，用户遭受的惩罚越大（u_2 越大），平台方越倾向于抽审更少数量的内容（p 越小）。

这个结论也好理解，事后的严惩与事前的审核是可以相互替代的。

结论 7-3：相比风险暴露带来的损失，平台方的审核成本越低（v_1 越小），用户提供违规内容的比例越小（q 越小）。

这个结论反映了用户提供违规内容的行为受平台风控能力高低的影响，这正是博弈中所讲的策略互动的含义。

7.1.3 审核风险暴露率

互联网公司的风控团队常常会拿风险暴露率作为业务考核指标。在 2.1.3 节，定义过三种不同的风险暴露率：社会风险暴露率、平台风险暴露率和审核风险暴露率，其中审核风险暴露率是直接衡量本章所述审核工作好坏的指标。

但是，在实际计算中，审核风险暴露率也会有多种不同的计算方式。我们定义审核风险暴露是指违规内容未被审核发现而送到了线上展现，即 2.1.3 节式（2-3）中的分子部分。不过，按照本章的假设，一定时期内送审的内容总量为 N，由 7.1.2 节的假设 3，所以审核风险暴露为

$$TR = N(1-p)q \qquad (7\text{-}6)$$

而审核风险暴露率的分母可以有几种不同的口径计算，主要区别是计算这个比率的分母有差异。

（1）**口径一**。在所有送审内容中，风险暴露的内容总量的占比记为 E_1，可按下面的公式计算：

$$E_1 = \frac{N(1-p)q}{N} = (1-p)q \qquad (7\text{-}7)$$

如果平台方对所有送审内容都逐一审核，即 $p=1$，此时风险暴露率 $E_1=0$；另一个极端是平台方放任所有送审内容，全都不审核，即 $p=0$，此时风险暴露率为 $E_1=q$，即送审内容中违规内容的比例。事实上，如果平台方不审核，用户最佳的策略是全部送审违规内容，即 $q=1$。

一般而言，平台的送审内容数量 N 很大，而其中的违规内容会很少，从而 E_1 会计算出一个极小的值。比如，$p=0.2$，$q=0.01\%$，

那么，按式（7-7）这个口径统计出的风险暴露率 E_1 为十万分之八。这样小的数，在实际统计中的误差足以给结果带来很大的扰动，这是很难有决策意义的。所以，我们需要更抗扰动的一个指标。

按式（7-4）和式（7-5），E_1 还可以表示成：

$$E_1=(1-p)q=\frac{u_1+u_2}{1+u_2}\times v_1 \tag{7-8}$$

（2）**口径二**。在所有通过审核的内容里，风险暴露内容总量的占比记为 E_2，该口径下的风险暴露率可计算为

$$E_2=\frac{N(1-p)q}{N-Npq}=\frac{(1-p)q}{1-pq}=\frac{1-p}{1/q-p} \tag{7-9}$$

显然，$E_2 > E_1$，但因为通过审核的内容数量占送审内容总量的比例很大，所以 E_2 仍然是一个很小的值。比如，违规内容在送审中占比为万分之一时，式（7-9）的分母大约是 10000，而分子是一个小于 1 的正数。所以，按这个口径统计出的风险暴露率 E_2 仍然非常小，抗扰动能力不高。

同样，按式（7-4）和式（7-5），E_2 还可以表示成：

$$E_2=\frac{1-p}{1/q-p}=\frac{1-\frac{1-u_1}{1+u_2}}{1/v_1-\frac{1-u_1}{1+u_2}}=\frac{u_1+u_2}{(1+u_2)/v_1-(1-u_1)} \tag{7-10}$$

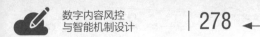
（3）**口径三**。在送审的全部违规内容中，风险暴露内容总量的占比记为 E_3。该口径下的风险暴露率可表示为

$$E_3=\frac{N(1-p)q}{Nq}=1-p \tag{7-11}$$

这个口径的风险暴露率即平台方未审核的比例。按式（7-4）和式（7-5），E_3 还可以表示成：

$$E_3=1-p=1-\frac{1-u_1}{1+u_2}=\frac{u_1+u_2}{1+u_2} \tag{7-12}$$

建议在实务中采用统计口径三，即风险暴露率 E_3，理由如下。

（1）这三个值的大小顺序是 $E_1 < E_2 < E_3$。前面提到，E_2 大约是万分之几，这么小的值在实际统计中对外界干扰是很敏感的，很难支持管理决策。这个数值越大，对其他外界因素的抗干扰性越强，有利于实务中的归因分析。

（2）$1-E_3$ 即整体风险的召回率，采用这一口径，方便将审核工作的整体目标和机器识别与人工审核的相应技术指标对应。

无论采取哪种口径，都能推导出以下有意义的结论，为不使行文烦冗，我们省略了结论的数学证明。

结论 7-4：平台方的审核成本管理越精细化越优秀（平均审核成本 C_1 越小，从而 v_1 越小），风险暴露率越小。

结论 7-5：相比合规内容的收益，用户的违规收益更大（u_1 更小），虽然用户热衷于提供违规内容，但平台方对该行业的内容审核会很严格，覆盖面很宽，即均衡抽审比例很大（来自式（7-4）），均衡时的风险暴露率反而很小。

结论 7-6：相比用户的违规收益，平台方对违规内容的惩罚更大（u_2 更大），虽然用户因为提供违规内容而使成本增加，但相应平台方的均衡抽审比例更小（来自式（7-4）），所以均衡时的风险暴露率反而更大。

结论 7-5 和结论 7-6 还说明，抽审比例是风险暴露率最直接的影响因素，只要有足够多的抽审比例，风险暴露率就能控制在一定范围，反之亦然。比如本节前面的例子中，如果 k 从 100 增加到 500，则平台抽审比例可从 80% 降为 48%，风险暴露率可从 0.2% 增加到 0.5%。

提高对用户或客户提供违规内容的惩罚力度对平台的意义是大大降低了审核成本。图 7.3 表示了随着违规动力值 k/r_2 的提高，平台的抽审比例 p 和风险暴露率的关系。

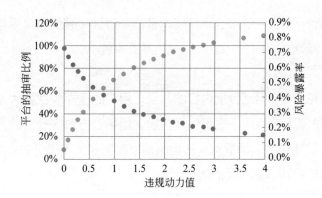

图 7.3　平台的抽审比例和风险暴露率的关系

　　但是，提高用户或客户的违规成本在内容风控工作中会受其他因素的干扰。用户是互联网平台的流量金主，客户是互联网平台的货币金主，惩罚这些金主以提高他们的违规成本对互联网平台而言是壮士断腕。除非用户或客户产生了严重的违规（比如涉及诈骗、暴恐等），通常情况互联网平台是难以实质性实施惩罚的。

7.2　误杀率和误过率

　　7.1 节的讨论有一个重要的假设，即假设 3：只要平台方审核送审内容，则百分之百可以把违规内容识别出来，不存在误过或误杀的情形。但是，无论机器识别还是人工审核都有一定的误过率（使有风险的内容通过）和误杀率（把无风险的内容拒掉）。

本小节去掉假设 3，进一步讨论 7.1 节提出的博弈问题。

7.2.1　考虑到误杀与误过的一般博弈形式

本小节的其他假定与 7.1 节相同，只是当用户或客户的内容送审时，增加以下两个假设。

假设 4：平台审核的误过率为 w_1，误过的这些违规内容会给平台带来损失 C_2。

假设 5：平台审核的误杀率为 w_2，误杀给用户带来的损失是 d，用户或客户投诉会增加平台的客服成本，记为 C_3。

在假设 1 与假设 2 和假设 4 与假设 5 的前提下，平台与用户或客户的博弈形式略微复杂一些（见图 7.4）。

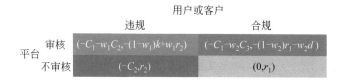

图 7.4　平台与用户或客户的审核博弈（考虑到误杀与误过）

虽然图 7.4 描述的收益矩阵形式复杂，但混合策略均衡的计算方法与 7.1 节是类似的。我们可以很容易得到均衡状态下的平台方的抽审比例 p：

$$p=\frac{r_2-r_1}{(1-w_1)(r_2+k)-w_2(r_1+d)}=\frac{1-r_1/r_2}{(1-w_1)(1+k/r_2)-w_2(r_1/r_2+d/r_2)} \quad (7\text{-}13)$$

沿用 7.1 节的表述：$u_1=r_1/r_2$ 为合规违规收益比，$u_2=k/r_2$ 为用户的违规动力值。定义 $u_3=d/r_2$ 为用户或客户提供的内容被平台误杀与误过时用户收益比的绝对值。

因此，均衡状态下的平台方的抽审比例 p 可以简化为

$$p=\frac{1-u_1}{(1-w_1)(1+u_2)-w_2(u_1+u_3)} \quad (7\text{-}14)$$

在均衡状态下，用户提供违规物料占比 q：

$$q=\frac{C_1/C_2+w_2C_3/C_2}{1-w_1+w_2C_3/C_2} \quad (7\text{-}15)$$

同样沿用 7.1 节的表述，$v_1=C_1/C_2$ 为平台的审核动力值，则我们定义：

$v_2=C_3/C_2$ 为平台误杀与误过给平台方带来的损失比，称为平台的审核严格度。v_2 值越大，表示平台的审核越严格。

因此，均衡状态下的用户提供违规物料占比 q 可以简化为

$$q=\frac{v_1+w_2v_2}{1-w_1+w_2v_2} \quad (7\text{-}16)$$

根据式（7-14）和式（7-16），结论 7-1、7-2 和 7-3 仍然是成立的。我们重点看新引入的误杀率和误过率对 p 和 q 的影响，利用微积分的知识，很容易得到结论 7-7 和结论 7-8，为使行文简洁，省去了证明过程。

结论 7-7：当平台审核误杀给用户或客户带来的成本过高（d 越大，从而 u_3 越大）或者误杀率（w_2）提升时，用户倾向提供违规内容，从而平台需要相应增加抽审比例（p 越大）。

结论 7-8：平台的风险召回能力越高（即误过率 w_1 变小），则在均衡时的抽审比例 p 越小，用户提交的内容违规占比 q 也越少。

而误杀对平台的成本，从而 v_2 对用户提交违规内容比例 q 的影响并不确定。

7.2.2　考虑到误杀与误过的风险暴露率

本小节的内容与 7.1.3 节的内容平行，区别是加入了平台审核误杀率与误过率的因素。在这种情形下，风险暴露的总量为

$$TR'=N\times[pqw_1+(1-p)q] \tag{7-17}$$

三个口径的风险暴露率计算如下。

（1）**口径一**：在所有送审内容中，风险暴露的内容总量的占比。

为与 7.1.3 节的符号区别，这里记为 E_1'，可按下面的公式计算：

$$E_1' = \frac{N \times [pqw_1 + (1-p)q]}{N} = q[1 - p(1-w_1)] \tag{7-18}$$

当误过率 $w_1 = 0$ 时，式（7-18）就退化为式（7-7）。

（2）口径二：在所有通过审核的内容里，风险暴露内容总量的占比，这里记为 E_2'，该口径下的风险暴露率可计算为

$$E_2' = \frac{N \times [pqw_1 + (1-p)q]}{N - Npq(1-w_1) - Npqw_2} = \frac{1/p - (1-w_1)}{1/pq - (1-w_1) - w_2} \tag{7-19}$$

当误过率 $w_1 = 0$ 及误杀率 $w_2 = 0$ 时，式（7-19）就退化为式（7-9）。

（3）口径三：在送审的全部违规内容中，风险暴露内容总量的占比，这里记为 E_3'。该口径下的风险暴露率可表示为

$$E_3' = \frac{N \times [pqw_1 + (1-p)q]}{Nq} = 1 - p(1-w_1) \tag{7-20}$$

按式（7-14），E_3' 还可以表示成：

$$E_3' = \frac{(1-w_1)(u_1+u_2) - w_2(u_1+u_3)}{(1-w_1)(1+u_2) - w_2(u_1+u_3)} \tag{7-21}$$

7.1.3 节提出，我们在实践中倾向于使用口径三。下面依据口径三的风险暴露率推导一些有意义的结论，证明过程安排在 7.3 节。

结论 7-9：若平台提高审核的召回能力（即误过率 w_1 变小），则均衡时的风险暴露率未必一定会变小。

风险暴露率变小，还取决于以下几个因素。

（1）平台方对违规的惩罚力度。

（2）平台方审核的误杀率。

（3）用户或客户提供合规内容的收益。

（4）误杀后给用户带来的成本。

若平台方提高审核的召回能力，且对违规的惩罚力度较大，误杀率上升不高，合规内容的收益较低以及误杀后对用户影响小，那么风险暴露率大概率会降低；反之，风险暴露率还可能提升。理由是均衡时的抽审比例会随着平台召回能力的提升而下降。

结论 7-10：若平台方降低误杀（即误杀率 w_2 变小），则均衡时的风险暴露率会增加。

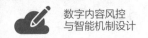

这个结论有点出乎意料。结论 7-6 告诉我们，平台方降低误杀会使均衡时的抽审比例下降，从而造成风险暴露率的增加。

误过率和误杀率反应在机器学习领域就是模型的准召率，通常我们会假定"当其他因素不变时"，准召率越高，风险暴露率会越少。这一定是没错的。

但我们是否考虑过，当准召率提升时，"其他因素"真会不变吗？比如，当机器模型的准召率提升后，势必驱动管理层减少审核员的数量。因为客户或用户对抗模型策略的能力非常强，很快就会造成有些内容机器审核准召衰减。这实际上降低了平台的审核比例，但是平台方若不能及时发现并补充审核员，就会造成风险暴露率上升。事实上，风控实务工作中有多种目标，如效率、质量和成本，这都会影响平台方和用户的行为，从而影响长期的风险暴露率。所以，"其他因素不变"是一个非常理想的状态。

7.3 本章部分结论的数学证明

7.3.1 结论7-9的证明

平台方的误过率越小（即 w_1 越小），博弈均衡时的风险暴露率未必一定会变小。

证明：只要说明$\frac{\partial E_3'}{\partial w_1}$的符号即可。根据式（7-20），对风险暴露率 E_3' 中的变量 w_1 求偏导，注意到均衡时的平台审核比例 p 也是 w_1 的函数。

$$\frac{\partial E_3'}{\partial w_1}=\frac{\partial[1-p(1-w_1)]}{\partial w_1}=p-(1-w_1)\frac{\partial p}{\partial w_1} \qquad (7\text{-}22)$$

再根据均衡时的平台方抽审比例p的计算式(7-12)，可以得到：

$$\frac{\partial p}{\partial w_1}=p\times\frac{1+u_2}{(1-w_1)(1+u_2)-w_2(u_1+u_3)} \qquad (7\text{-}23)$$

把式（7-23）代到式（7-22）中，可以得到：

$$\frac{\partial E_3'}{\partial w_1}=p\times\left[1-\frac{(1-w_1)(1+u_2)}{(1-w_1)(1+u_2)-w_2(u_1+u_3)}\right] \qquad (7\text{-}24)$$

当 $(1-w_1)(1+u_2)>w_2(u_1+u_3)$ 时，方括号里的分式中的分子大于分母，因此分子式大于 1，而方括号里的值小于 0，从而$\frac{\partial E_3'}{\partial w_1}\leqslant 0$。

当 $(1-w_1)(1+u_2)<w_2(u_1+u_3)$ 时，方括号里的值大于 0，从而$\frac{\partial E_3'}{\partial w_1}>0$。

7.3.2　结论7-10的证明

平台方降低误杀（即误杀率 w_2 变小），博弈均衡时的风险暴露

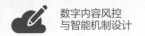
率会增加。

证明：只要说明$\frac{\partial E_3^{'}}{\partial w_2}<0$即可。根据式（7-20），对风险暴露率$E_3^{'}$中的变量$w_2$求偏导，注意到均衡时的平台审核比例$p$也是$w_2$的函数。

$$\frac{\partial E_3^{'}}{\partial w_2}=\frac{\partial[1-p(1-w_1)]}{\partial w_2}=-(1-w_1)\ \frac{\partial p}{\partial w_2} \qquad (7\text{-}25)$$

再根据均衡时的平台方抽审比例p的计算式（7-14），可以得到：

$$\frac{\partial p}{\partial w_2}=\frac{(u_1+u_3)(1-u_1)}{[(1-w_1)(1+u_2)-w_2(u_1+u_3)]^2}>0 \qquad (7\text{-}26)$$

从而可以证明$\frac{\partial E_3^{'}}{\partial w_2}<0$。

第8章

博弈论基础简介

08

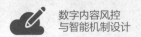

本章结合平台数字内容风险治理对博弈论的基础知识作一简要介绍，以帮助大家具备初步的博弈论分析能力和机制设计理论基础。

我们经常会听到"博弈"这个说法，比如下面是一些常见的新闻标题。

（1）银行数字化十年：技术、市场与监管的交织博弈。

（2）煤电博弈背后的能源大变局。

（3）"独角兽焦虑"背后的中美博弈。

这些吸睛的说法给读者的印象是"博弈即斗争"。我认为，这是对博弈最简单的定义，它揭示了博弈的两个核心特征。

（1）既然是斗争，那么至少有两个参与方。

（2）既然是斗争，那么参与各方利益有冲突，既不能完全一致，也不能完全无关。所谓冲突，即一方做出的决策必定会影响另一方的收益，反之亦然。

满足这两个特征的斗争都可以抽象成本书所说的博弈形式来讨论。

本章仅介绍博弈论中最基础的概念，以满足读者无障碍地阅读本书前面的内容。我们特意设计了一个互联网运营中的例子，以更贴近读者的思考。

8.1　占优策略

8.1.1　新闻PUSH

PUSH 是很多 App 用来促活拉流量的运营手段，尤其是新闻类 App。

【案例 8-1】 如果你是今日头条 PUSII 运营的负责人，早上起来你获得以下两条重大新闻。

A：市政府宣布因新冠疫情封控的市场下周开始解封。

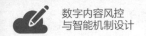
B：中央经济工作会议决定发放 3 万亿救市。

你首先需要决定将 PUSH 的哪条新闻给你的用户？假设今日头条与腾讯新闻有 50% 的用户重合。市场整体反馈的数据表明：60% 的用户对新闻 A 感兴趣，40% 的用户对新闻 B 感兴趣。如果两个 App 推荐了同一条新闻，那么用户平分，即一半用户选择今日头条，一半用户选择腾讯新闻。那么你选择的策略是什么？

很明显，你选择什么策略跟腾讯新闻选择什么策略有密切关系。

假设腾讯新闻选择了 PUSH 新闻 A，那么你可以计算出选择两种策略的收益分别是：

$$R_A = 50\% \times 60\% + 50\% \times 30\% = 0.45$$

$$R_B = 50\% \times 40\% + 50\% \times 40\% = 0.4$$

显然，你应该选择 PUSH 新闻 A。

类似地，假设腾讯新闻选择了 PUSH 新闻 B，那么你可以计算出选择两种策略的收益分别是：

$$R_A = 50\% \times 60\% + 50\% \times 60\% = 0.6$$

$$R_B = 50\% \times 40\% + 50\% \times 20\% = 0.3$$

显然，在这种情况下，你也应该选择 PUSH 新闻 A。

不论腾讯新闻的策略是什么，你选择 A 收益总是最优的，这在
博弈论里有个专门术语，称选择 A 是你的占优策略。

当然，A 也是腾讯新闻 PUSH 运营负责人的占优策略。

我们通常用图 8.1 所示的矩阵表示博弈双方的策略选择及收益
情况，这个矩阵叫作博弈的收益矩阵。

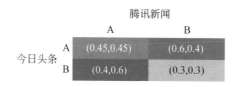

图 8.1　PUSH 新闻博弈的收益矩阵 - 占优均衡

这个矩阵的横纵两个维度分别表示博弈的两个参与人，在这里
横向参与人是今日头条，纵向参与人是腾讯新闻。各参与人分别有
两个策略可选（ 即 A 和 B ）。在这个例子中,共有四种策略组合出现：
(A, A), (A, B), (B, A) 和 (B, B)。每个区域中有一个二元数组，两个
数值分别表示横向参与人和纵向参与人在当前策略组合下的收益。

因为 A 是两个参与人各自的占优策略，所以这个博弈最终会
在 (A, A) 达到均衡（Equilibrium)，这在博弈论中称为占优策略
均衡。

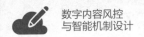
8.1.2　囚徒困境

占优策略中最著名的例子是囚徒困境[1]，为使占优策略的内容完整，这里讨论一下这个很多读者耳熟能详的例子。

【案例 8-2】　囚徒困境的故事背景是这样的：一个小区发生了盗窃案，警察很快抓住两个嫌犯（下文分别叫他们嫌犯 A 和嫌犯 B）。种种迹象表明十有八九就是他俩干的，但警察没有掌握确凿的证据。警察审讯的办法多的是，这次他们决定采用心理战。警察把两嫌犯分别关到两个屋子里，和颜悦色地告诉他们俩：如果两人都承认了罪行，会关押 3 个月；如果两人都不承认，因警察没有更多证据，则会拘留两人 15 天后释放；如果一个人承认，另一个人不承认，则承认罪行的会当天释放，另一个不承认罪行的则加重处罚，关押 10 个月。

注意：本书不是普法读物，请读者关注上面描述的策略选择，而不是法律的细枝末节。案例 8-2 的博弈收益矩阵如图 8.2 所示。

仔细思考一下就会得出结论，不论嫌犯 B 采取什么策略，嫌犯 A 采取"承认"的策略总是最优的，即"承认"是嫌犯 A 的占优策略。同样，"承认"也是嫌犯 B 的占优策略。因此，这个博弈的均衡就落在了策略组合（承认，承认）。最终，每个嫌犯被关押 3 个月。

---

[1]　1950年，纳什的老师，数学家塔克（A.W.Tucker，1905—1995）在任斯坦福大学客座教授时，为了给一些心理学家讲清楚什么叫博弈论而虚构了囚徒困境的例子。

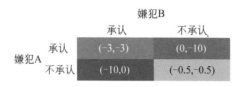

图 8.2　囚徒困境的收益矩阵

之所以叫作囚徒困境，是因为从全局看，两嫌犯有一个更好的选择，即都不承认，只关押 15 天后获得自由。但是，都不承认的那个点却不是博弈预测的均衡点，更不是占优均衡。所谓均衡，指如果参与人在此情形下，没有改变自己策略的动机。显然，在（不承认，不承认）这个点处，每个嫌犯都有动机背叛对方，向警方承认罪行，因为一承认就能马上获得自由。而当两个嫌犯都这么做时，就落在了上面的囚徒困境里。

学过基本经济学知识的读者应该了解，亚当·斯密（A.Smith）提出过的一个著名的经济学原理——"看不见的手"，这是市场经济的理论基础。"看不见的手"的原理是说，社会中每个人都是自私自利的，但在自由交易的市场中，每个人都会被一只看不见的手牵引着，使得他们的自利行为对整个集体利益是最好的。但是，囚徒困境恰恰是这个看不见的手的原理的反例。每个人都按对自己最优的利益选择策略，整体的结果却未必是最好的。

本书开篇 1.1.1 节介绍了政府和互联网公司关于有害内容承担责任的博弈。虽然理论上预测"政府要求平台担责，平台则会尽量减少业务量规避责任"是个囚徒困境，但实际上这个困境并没有发

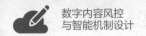

生。第 1 章提到这得益于幸运的 230 条款。

8.2 纳什均衡

占优策略直观而优美，但并不是在所有博弈中参与人都会有占优策略。

【案例 8-3】 在案例 8-1 的基础上，我们加一个条件：由于最近新冠疫情的谣言盛行，所有有关疫情的内容全部送审核员审核后才能上线，因此，如果你选择 PUSH 新闻 A，就需要延迟 10 分钟才能到达用户手机上，而腾讯新闻没有此限制。10 分钟延迟的影响是，如果你和腾讯新闻都选择了 PUSH 新闻 A，那么重合用户中有一半在 10 分钟内进入腾讯新闻 App 阅读，你只能与腾讯新闻再分享剩下的一半用户（50%×50%×30%）。

重新进行类似案例 8-1 的计算后，新的收益矩阵如图 8.3 所示。

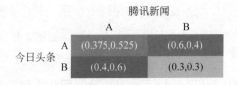

图 8.3 PUSH 新闻博弈的收益矩阵 - 唯一的纳什均衡

可以发现，此时你没有占优策略。如果腾讯新闻选择了 A，则你的最优选择是 B；如果腾讯新闻选择了 B，则你的最优选择是 A。你该怎么选择呢？

作为今日头条 PUSH 运营的负责人，你必须对腾讯新闻的选择作出一个预判。你站在腾讯新闻的立场想一下就会发现，腾讯新闻是有占优策略的。无论今日头条选择什么策略，腾讯新闻选择 A 总是最优的。所以，你预测腾讯新闻会按照占优策略出牌，而你选择策略 B 是最优的决策。

最终，这个博弈在策略组合（B, A）处达成均衡。这样的均衡称为纳什均衡。更一般地，如果在一个策略组合中，给定其他参与人的策略后，每个参与人的策略都是最优的，那么这个均衡就称为纳什均衡。

我们可以从其他角度理解一下这个抽象的定义。因为每个参与人在决策时并不知道其他参与人要出什么策略，而当所有参与人都亮出自己的策略时，如果没有人因看到其他人的底牌时就后悔不迭，那么这个策略组合就是纳什均衡。

显然，占优均衡是纳什均衡的一个特例。

纳什均衡是博弈论里的灵魂概念，著名的数学家纳什发展和分析了这个概念，他于 1994 年因此而获得诺贝尔经济学奖。本章后

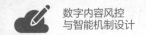
面多数内容都是围绕纳什均衡展开的。

8.3 协调博弈

8.3.1 聚点定律

纳什均衡不一定是唯一的。

【案例 8-4】 在案例 8-3 中，改动一个条件：如果今日头条和腾讯新闻都选择策略 A 时，重合用户中只有 40%（例 8.3 中是 50%）被腾讯新闻利用 10 分钟的审核延时带走，则新的收益矩阵如图 8.4 所示。

图 8.4 PUSH 新闻博弈的收益矩阵 - 多个纳什均衡

此时，无论今日头条还是腾讯新闻都没有占优策略。但是，策略组合（B, A）和（A, B）都符合纳什均衡的定义。这个博弈通常称为协调博弈。所谓协调，意思是由于存在两个纳什均衡，因此从理论上无法预测哪个均衡会出现。所以，需要通过参与人双方的"协调"实现某个均衡。

　　如何协调？这需要找出博弈描述之外的因素，使参与人聚焦在某个均衡上。举例来说，今日头条为什么要把疫情有关的内容送给审核员审核，我们假设因为两周前某个疫情谣言造成一些舆情让公司审核机制偏保守了。腾讯新闻的同事也知道这个事情，所以这个事情很可能成为当前这个 PUSH 博弈的"聚点"。这会让今日头条避免 PUSH 有关疫情的内容，而腾讯新闻也考虑到今日头条将会这么选择，从而双方的均衡不会落在策略组合（A, B），而是落在（B, A）这个策略组合上。

　　这里的聚点在博弈论里有一个专业术语——谢林点（Schelling Point）。美国经济学家谢林对博弈论的贡献是非常独特的，他是博弈论非数理派的领军人物，他提出了很深刻的博弈与冲突的思想[1]，但是他并不像其他经济学家那样用数理模型证明。不过，这不影响他的经济学思想被世人接受。2005 年，他与奥曼一同获得诺贝尔经济学奖，有意思的是奥曼是一个典型的数理经济学派的代表人物。

8.3.2　猎鹿博弈

　　为了让读者更深刻地理解谢林点的含义，下面再讨论一个协调博弈的例子——猎鹿博弈。

1　参见文献：托马斯·谢林. 冲突的战略[M]. 赵华, 译. 北京: 华夏出版社, 2006.

【案例 8-5】 猎鹿博弈基于这样一个故事背景[1]：某个村庄有两个猎人 A 和 B，村庄附近的猎物主要有鹿和兔子两种。一个猎人一天最多只能打到 4 只兔子。若两个人一起打猎，则能捕获 1 只鹿。4 只兔子能保证一个人 4 天不挨饿，而一只鹿却能让两个人吃上 10 天。

根据上述背景，可以画出这个博弈的收益矩阵（见图 8.5 ）。

图 8.5　猎鹿博弈

猎鹿博弈有两个均衡点：要么一起猎鹿，要么一起猎兔。显然，两个猎人合作能带来更高的收益。合作产生高收益是人人都懂的道理，因此可以作为这个协调博弈的谢林点。在这个谢林点的引导下，两个猎人合作猎鹿，从而实现高收益的纳什均衡点（猎鹿，猎鹿）。

但从现实的反馈看，这种理论上的预测却鲜见有成功的。

仔细分析这个博弈的收益矩阵，可以发现合作很难成功的秘密。当某个猎人决定选择猎鹿后，能否成功完全依赖于另一个猎人是否合作，是否持续合作而中途不会背叛。一旦对方不合作或中途背叛，

1　这个故事最早来自启蒙思想家卢梭的著作《论人类不平等的起源和基础》。

自己的收益就立刻变成了 0。追求高收益的一方面临极大的背叛风险，而追求低收益的一方却没有受到任何惩罚。这就是合作很难成功的秘密。

因此，预测这个博弈结果时，需要在高收益和对方背叛后的损失之间权衡。

本书 1.1.2 节引入了政府与平台关于采取措施避免或降低用户有害言论传播的协调博弈。在那个博弈中，政府对清朗网络空间的追求作为谢林点，所以政府加强监管，平台主动采取措施成为现实中的均衡。

8.4　混合策略

8.4.1　监督博弈

按上面纳什均衡的定义，并非所有的博弈都有纳什均衡。先看下面的例子。

【案例 8-6】　互联网平台招聘大量审核员进行有害内容的审核。审核员可能尽职审核，也可能上班摸鱼。审核员摸鱼可以获得的额外收益是 4，但给平台造成的损失是 10。平台可以监督，也可以不监督。平台监督是需要额外成本的，比如额外成本是 3。平台监督

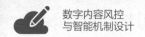
时若发现审核员有不尽职的表现，则惩罚审核员，审核员损失是2。平台和审核员的这个博弈收益矩阵如图 8.6 所示。

图 8.6 平台 - 审核员的监督博弈

在任何一个策略组合下，都至少有一个参与人（平台或审核员）有动机改变当前选择的策略。比如（尽职，监督）的策略组合，博弈参与人平台方有改变策略的动机，从"监督"到"不监督"，收益从 –3 增加到 0。策略组合就从（尽职，监督）变为（尽职，不监督）。而在（尽职，不监督）的策略组合下，参与人审核员有从"尽职"改变为"不尽职"的动机，这样他的收益能从 0 增加到 4。以此类推，这个博弈没有上文所述的纳什均衡。

审核员不可能一直在摸鱼，也不可能一直高强度地认真审核，这两种状态有一定的概率。同样，平台的监督和不监督两个策略也有一定的概率。考虑到这种概率因素，我们可以重新看一下每个参与人的决策。此时，引导参与人决策的是期望收益。

假设审核员以概率 p 选择尽职审核，而平台以概率 q 选择监督，$0 \leqslant p, q \leqslant 1$。那么，我们分别计算一下审核员选择尽职和不尽职的期望收益：

$$ER_{尽职} = q \times 0 + (1-q) \times 0 = 0$$

$$ER_{不尽职} = q \times (-2) + (1-q) \times 4 = 4 - 6q$$

如果 $q < 2/3$，那么 $ER_{尽职} < ER_{不尽职}$，审核员可以恒定地选择不尽职这个策略；如果 $q > 2/3$，那么 $ER_{尽职} > ER_{不尽职}$，审核员可以恒定地选择尽职这个策略。但是，前面已经分析，审核员不存在这种恒定选择的策略，所以一定有 $q = 2/3$。

同样的逻辑，可以计算平台选择监督和不监督的期望收益：

$$ER_{监督} = -3$$

$$ER_{不监督} = p \times 0 + (1-p) \times (-10) = 10p - 10$$

如果 $p > 7/10$，那么 $ER_{监督} < ER_{不监督}$，平台可以恒定地选择不监督这个策略；如果 $p < 7/10$，那么 $ER_{监督} > ER_{不监督}$，平台可以恒定地选择监督这个策略。但是，前面已经分析，平台不存在这种恒定选择的策略，所以一定有 $p = 7/10$。

这样，我们就得到一个概率均衡，即审核员以 7/10 的概率尽职审核，而平台则以 2/3 的概率实行监督管理。这种策略也满足纳什均衡的定义，即在这个概率策略组合（p，q）下，任一参与人都不会改变当前的概率选择，因为改变无收益增加。为区分这种策略与 8.1 节 ~8.3 节讲的策略，我们把 8.1 节 ~8.3 节讲的策略称为纯

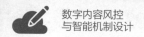

策略，而把带概率的策略称为混合策略。

8.4.2　鹰鸽博弈

一个博弈中可以同时存在纯策略和混合策略均衡。这里讨论一下鹰鸽博弈。

鹰鸽博弈讲的并不是鹰和鸽之间的博弈，而是两种行为方式之间的博弈。其中一种行为方式像鹰一样，具有进攻性，勇于开拓；而另一种行为方式像鸽一样，具有分享性，团结合作。我们可以把这两种行为方式，作为国家、企业以及企业内的员工所采取的两种策略。面对一个总收益为 2 的项目时，如果两个企业员工都采取鸽派做法，那么他们会倾向于平分，各得 1。如果两个员工都采取鹰派做法，他们就会相互争斗，内耗严重，两败俱伤，各自收益为 x。这里，$x < 2$，且可以是负数。如果一个员工采取鸽派做法，而另一个员工采取鹰派做法，那么，采取鸽派做法的员工什么也得不到，而采取鹰派做法的员工获得收益 2。这个博弈的收益矩阵如图 8.7 所示。

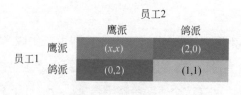

图 8.7　鹰鸽博弈

显然，这个博弈有（鸽派，鹰派）和（鹰派，鸽派）两个纳什均衡。这是纯策略的。我们还可以找到这个博弈的混合策略均衡。

因为员工 1 和员工 2 是对称的，所以假定他们采取鹰派做法的概率都是 p，则采取鸽派做法的概率都是 $1-p$。

员工 1 采取鹰派策略和鸽派策略的预期收益分别是：

$$ER_{鹰} = px + 2(1-p) = 2 - (2-x)p$$

$$ER_{鸽} = p \times 0 + (1-p) \times 1 = 1 - p$$

均衡时，有 $ER_{鹰} = ER_{鸽}$，计算得到：

$$p = \frac{1}{1-x}$$

这就是鹰鸽博弈的混合策略均衡。这个混合策略均衡表明，当两个鹰派做法争斗造成的损失越大时，每个员工采取鹰派做法的概率就越小。

有了混合策略的概念，就可以给出读者博弈论里最基础的定理——纳什定理：每个有限的博弈都存在至少一个纳什均衡，或者是纯策略均衡，或者是混合策略均衡。

这是博弈论里最核心的定理。

附录A　与数字内容有关的重要法规一览

本小节用表 A.1 列出与数字内容有关的国内法规与政策，供读者查阅和参考。因为关于数字内容的立法正在如火如荼地推进中，所以在本书出版过程中，可能会有新的法律公布，但表 A.1 没有收录。

表A.1　国内与数字内容有关的重要法规

法律效力	名　称	发 布 部 门	与数字内容有关的部分
法律	中华人民共和国广告法	全国人大常委会	互联网广告
	中华人民共和国电子商务法	全国人大常委会	电子商务交易
	中华人民共和国英雄烈士保护法	全国人大常委会	对英烈的宣传或负面信息
	中华人民共和国个人信息保护法	全国人大常委会	个人信息
	中华人民共和国反不正当竞争法	全国人大常委会	利用不正当技术手段影响用户选择
	中华人民共和国测绘法	全国人大常委会	地图标示标准
	中华人民共和国民法典	全国人大常委会	个人信息保护，网络虚拟财产
	中华人民共和国电影产业促进法	全国人大常委会	电影侵权
	中华人民共和国电子签名法	全国人大常委会	电子签名
	全国人民代表大会常务委员会关于加强网络信息保护的决定	全国人大常委会	个人信息保护

续表

法律效力	名　称	发　布　部　门	与数字内容 有关的部分
行政法规	信息网络传播权保护条例	国务院	权利作品的信息传播
	计算机软件保护条例	国务院	计算机软件著作权
部门规章	互联网文化管理暂行规定	文化部（已撤销）	网络文化经营许可证
	网络信息内容生态治理规定	互联网信息办公室	网络信息
	互联网药品信息服务管理办法	食药监局（已撤销）	药品广告与医药咨询
	互联网新闻信息服务管理规定	互联网信息办公室	新闻
	互联网广告管理暂行办法	国家工商总局（已撤销）	互联网广告
	网络出版服务管理规定	国家新闻出版广电总局	网络出版
	互联网视听节目服务管理规定	国家新闻出版广电总局	音视频
	网络交易管理办法	国家工商总局（已撤销）	网络交易
	儿童个人信息网络保护规定	互联网信息办公室	个人信息保护
	网络交易监督管理办法	市监总局	网络交易
规范性文件	具有舆论属性或社会动员能力的互联网信息服务安全评估规定	互联网信息办公室	信息安全
	微博客信息服务管理规定	互联网信息办公室	微博信息
	互联网用户公众账号信息服务管理规定	互联网信息办公室	公众账号信息
	互联网群组信息服务管理规定	互联网信息办公室	群信息

续表

法律效力	名　　称	发布部门	与数字内容 有关的部分
规范性文件	互联网论坛社区服务管理规定	互联网信息办公室	论坛社区
	互联网跟帖评论服务管理规定	互联网信息办公室	跟帖评论
	互联网直播服务管理规定	互联网信息办公室	直播
	移动互联网应用程序信息服务管理规定	互联网信息办公室	应用程序
	互联网信息搜索服务管理规定	互联网信息办公室	搜索
	互联网用户账号名称管理规定	互联网信息办公室	账号
	即时通信工具公众信息服务发展管理暂行规定	互联网信息办公室	即时通信
	国家新闻出版广电总局关于进一步完善网络剧、微电影等网络视听节目管理的补充通知	国家新闻出版广电总局（已撤销）	音视频
	网络音视频信息服务管理规定	互联网信息办公室	音视频
	关于平台经济领域的反垄断指南	国务院反垄断委员会	
	常见类型移动互联网应用程序必要个人信息范围规定	互联网信息办公室	个人信息
	网络直播营销管理办法	互联网信息办公室、公安部等	直播

续表

法律效力	名　　称	发　布　部　门	与数字内容 有关的部分
规范性文件	关于加强互联网 信息服务算法综合 治理的指导意见	互联网信息办公室	信息服务

附录B　术语索引

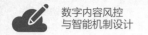

参 考 文 献

[1] 新闻自由委员会（The Commission on Freedom of the Press）. 一个自由而负责的新闻界 [M]. 展江，译. 北京：中国人民大学出版社，2004.

[2] PORTER M. How competitive forces shape strategy[J]. Harvard Business Review, 1979,57(2): 137-145.

[3] PORTER M. Competitive Strategy[M]. New York: The Free Press, 1980.

[4] NEUMANN J V, MORGENSTERN O. Theory of Games and Economic Behavior [M]. Princeton: Princeton University Press, 2007.

[5] 孙鲲鹏，王丹，肖星. 互联网信息环境整治与社交媒体的公司治理作用 [J]. 管理世界，2020,36(7):106-131.

[6] BUCHANAN J M. An Economic Theory of Clubs[J]. Economica. 1965,32 (125): 1–14.

[7] ARENS W. Contemporary Advertising[M]. New York: McGraw-Hill, 2001.

[8] GEOFFREY E H, OSINDERO S, TEH Y. A Fast Learning Algorithm for Deep Belief Nets[J]. Neural Computation. 2006,18 (7): 1527–1554.

[9] 国家技术监督局. 信息处理用现代汉语分词规范 [S]. GB/T 13715-1992.

[10] ARAKI J, HOVY E, MITAMURA T. Evaluation for partial event coreference: Proceedings of the Second Workshop on EVENTS: Definition, Detection, Coreference, and Representation, Baltimore, 22-27 June 2014[C]. Baltimore: Association for Computational Linguistics (ACL), 2014.

[11] 詹姆斯 D. 汉密尔顿. 时间序列分析 [M]. 刘明志，译. 北京：中国社会科学出版社，1999.

[12] 段大高，韩忠明. 社交媒体内容安全挖掘技术研究 [M]. 北京：北京邮电大学出版社，2019.

[13] 托马斯·谢林. 冲突的战略 [M]. 赵华，译. 北京：华夏出版社，2006.